LE CANAL INDO-EUROPÉEN

ET

LA NAVIGATION DE L'EUPHRATE

ET DU TIGRE

PAR

ÉMILE EUDE

INGÉNIEUR DES ARTS ET MANUFACTURES.

AVEC DEUX CARTES GÉOGRAPHIQUES

EXTRAIT DE LA REVUE BRITANNIQUE
Numéros de mars et avril 1886.

PARIS

BUREAUX DE LA REVUE BRITANNIQUE

RUE DE LA VICTOIRE. 71

1886

PARIS. — TYPOGRAPHIE A. HENNUYER, RUE DARCET, 7.

LE CANAL INDO-EUROPÉEN

ET

LA NAVIGATION DE L'EUPHRATE ET DU TIGRE

PARIS. — TYPOGRAPHIE A. HENNUYER, RUE DARCET, 7.

LE CANAL INDO-EUROPÉEN

ET

LA NAVIGATION DE L'EUPHRATE

ET DU TIGRE

PAR

ÉMILE EUDE

INGÉNIEUR DES ARTS ET MANUFACTURES.

AVEC DEUX CARTES GÉOGRAPHIQUES

EXTRAIT DE LA REVUE BRITANNIQUE
Numéros de mars et avril 1886.

PARIS

BUREAUX DE LA REVUE BRITANNIQUE

RUE DE LA VICTOIRE, 71

1886

LE CANAL INDO-EUROPÉEN

ET

LA NAVIGATION DE L'EUPHRATE ET DU TIGRE

I

DU GRAND COURANT COMMERCIAL ENTRE L'EUROPE ET L'ASIE.

Parmi toutes les directions que peut suivre le négoce, il en existe de plus favorables, qui ne sont pas toujours les plus courtes, mais que l'usage a consacrées et dont il semble qu'on ne doive pas s'écarter sans préjudice. Il y a là comme une force physique, une gravitation particulière, contre laquelle l'homme a souvent reconnu l'impuissance de sa volonté.

C'est une vérité désormais incontestable, que notre siècle a démontrée. Les chemins de fer, qui, depuis cinquante ans, ont changé tant de choses, n'ont pu changer qu'exceptionnellement les *courants commerciaux*. Lorsque les communications nouvelles ne coïncidaient pas avec les anciennes, on a généralement constaté que les vieilles routes n'étaient pas dépossédées, en dépit de la différence de vitesse, de longueur, de prix moyen de transport, et qu'il fallait établir des lignes ferrées suivant les directions primitives, si l'on voulait attirer à soi le commerce et l'agriculture. Quelque surprenant qu'ait d'abord paru ce fait, il est maintenant d'expérience : les produits de l'industrie humaine se tournent vers certains chemins comme l'aiguille vers le pôle; il peut y avoir des perturbations passagères dues à diverses causes, mais, après des oscillations plus ou moins nombreuses, plus ou moins amples, soyons sûrs que le courant reprendra sa direction première.

Aujourd'hui, l'Euphrate est un fleuve mort, bien que son

cours forme la *grande diagonale* (1) de l'Asie antérieure, entre le golfe d'Alexandrette (Skandéroun) et le golfe Persique. Cette voie historique de la vallée de l'Euphrate fut, avec celle du Tigre, d'une importance capitale dans le monde. C'était jadis l'artère principale des communications de l'Europe et de l'Asie, tant au point de vue commercial qu'au point de vue militaire. Là passe le chemin qui réunit les lignes de navigation côtière entre l'Inde et les pays de la Méditerranée. Là sont nées les plus anciennes monarchies ; là s'est accompli ce que, dans les universités, on appelle *l'Histoire ancienne*. Le désert de Mésopotamie n'est pas beaucoup plus connu de l'Europe moderne que les régions de l'Afrique visitées par Livingstone. Et pourtant, c'est un pays qui mériterait quelque attention, que le pays où brillèrent Ninive, Babylone, Ctésiphon, ces villes dont Jérusalem, Tyr, Sidon, Antioche, Damas, Palmyre, Sardes, les cités grecques de l'Asie Mineure étaient les tributaires! où vécurent les plus grands empires, celui d'Assyrie et celui de Babylone, la Perse de Cyrus, la Grèce orientale d'Alexandre et de ses lieutenants et successeurs; où fut vaincu Crassus|; où Trajan a fait la guerre, où Julien fut tué par les Parthes, où régnèrent les kalifes de Badgad et de Damas; où les Mongols de Timour et les Turcs de Bayézid se sont rencontrés... Dans une zone de 250 lieues de hauteur a tenu la moitié de l'histoire du monde, parce que cette zone est, par sa position géographique, comme le carrefour du vieux continent.

C'était en Asie, on le conçoit, que devaient se trouver les marchands par excellence, et surtout dans cette partie de l'Asie qui, proche de la Méditerranée, était admirablement placée pour mettre en contact l'Orient et l'Occident. J'ai nommé la Syrie. Les Phéniciens se trouvaient, à l'extrémité du continent asiatique, dans une situation telle qu'ils pouvaient communiquer sans intermédiaire avec l'Afrique et l'Europe; aussi pendant longtemps absorbèrent-ils tous les profits du commerce. Leurs riches et populeuses cités étaient, comme le de-

(1) M. E. Reclus.

vint plus tard Alexandrie d'Egypte, un entrepôt naturel pour ces mille denrées qu'on tirait de l'Inde, de la Chine, de la Sibérie, des pays avoisinant la mer Caspienne, de l'Asie centrale, de l'Arabie, et pour les produits que de hardis navigateurs recevaient par échange dans les contrées septentrionales de l'Afrique ou sur les côtes de l'Espagne, de la Gaule, de l'Italie et de la Grèce.

A l'époque de la splendeur de Tyr et de Sidon, les Phéniciens tiraient d'immenses richesses du négoce par mer ; mais ce négoce ne pouvait subsister qu'à la condition d'être alimenté par un autre, celui qui se faisait par terre en Asie, et qui fournissait aux vaisseaux partant des ports de la Phénicie leur chargement pour les ports de l'Occident.

Les marchands syriens qui voyageaient sur les frontières, par caravane ou d'autre façon, étaient très nombreux. Ils dominaient l'Euphrate, et Thapsaque, « le grand passage du fleuve », leur appartenait. Thapsaque, qui tombe assez bien sur la ville actuelle de Rakkah, est encore un passage fréquenté. Dans cet endroit, il y avait comme un rendez-vous des trafiquants. Ils y affluaient de tous les points de la Phénicie, de la Syrie et de la Palestine. Les Arméniens y portaient les matières premières venant des régions caspiennes. Les Babyloniens y vendaient les produits de l'extrême Orient, qu'ils amenaient depuis le golfe Persique, soit par caravanes, « soit dans des bateaux qui remontaient le cours de l'Euphrate jusqu'à Thapsaque, » comme nous l'apprend Strabon.

La vallée de l'Euphrate, la Syrie, voilà donc quelle était la direction du commerce de tout l'extrême Orient, et cela dès la plus lointaine antiquité, — d'un commerce dont l'importance nous étonne, quand nous en trouvons les preuves dans les auteurs anciens.

Ce commerce ne s'effectuait évidemment dans le principe qu'au moyen de caravanes, circulant dans la vallée de l'Euphrate. Quant à celui qui se fit par eau, par le fleuve même, les historiens romains ne le font remonter qu'à l'époque d'Alexandre le Grand. Il serait plus juste de dire qu'il fut renouvelé par le conquérant. La chose existait certainement du

temps des vieux empires mésopotamiques, avant que les
Perses n'eussent couvert le fleuve de barrages dans un but
stratégique. Cette précaution seule d'établir des cataractes ar-
tificielles afin de prévenir l'invasion de l'étranger, montre que
la voie était suivie et bien connue. Alexandre avait résolu de
descendre de Thapsaque à Babylone sur de gros vaisseaux
(septirèmes), et même de gagner la mer (1). Il le fit... La face
du monde va changer. L'Inde s'unira par l'Euphrate à l'Asie
Mineure, à la Grèce, devenue le centre de l'univers... Grande
pensée, bien digne du grand homme qui l'avait conçue !

« Alexandre, dit Montesquieu (2), forma le dessein d'unir les
Indes avec l'Occident par un commerce *maritime*, comme il
les avait unies par des colonies qu'il avait établies dans les
terres.

« A peine fut-il arrivé dans les Indes qu'il fit construire de
nouvelles flottes et navigua sur l'Euléus (Karoun?), le Tigre,
l'Euphrate et la mer. Il ôta les cataractes que les Perses
avaient mises sur ces fleuves ; il découvrit que le sein Persique
(*sinus Persicus*) était un golfe de l'Océan. Comme il alla reconnaître cette mer, ainsi qu'il avait reconnu celle des Indes ;
comme il fit construire un port à Babylone pour mille vaisseaux, et des arsenaux ; comme il envoya 500 talents en Syrie
et en Phénicie, pour en faire venir des nautoniers, qu'il voulait placer dans les colonies qu'il répandait sur les côtes ;
comme enfin il fit des travaux *immenses* sur l'Euphrate et les
autres fleuves de l'Assyrie, on ne peut douter que son dessein
ne fût de faire le commerce des Indes par Babylone et le golfe
Persique. »

Sous le gouvernement des Séleucides, le négoce universel
prit un nouvel essor. On importait, on exportait sans cesse,
soit du côté de l'Euphrate par Thapsaque, soit du côté de la
mer par Laodicée (Latakiéh). C'était un mouvement continu
des déserts de la Palmyrène à Séleucie de Piérie (Souéïdiéh),
de la Comagène à Damas ; rien n'égalait la splendeur et la ri-

(1) Quint. Cur., X, 1.
(2) *Esprit des lois*, liv. XXI, chap. vIII.

chesse des villes syriennes, parmi lesquelles Antioche, de fondation nouvelle, occupa bientôt le premier rang.

Tel était le grand courant d'Asie en Europe — le golfe Persique, la vallée du Tigre et de l'Euphrate, la Syrie (1)—jusqu'au jour où l'immense développement d'Alexandrie d'Egypte vint, pour la première fois depuis des temps immémoriaux, le faire dévier de sa direction. Dès lors, le trafic et les grands intérêts humains ont pris route d'abord par l'isthme d'Egypte, ensuite par le cap de Bonne-Espérance; et la vallée de l'Euphrate ne fut plus fréquentée que par de rares caravanes, ruines du commerce passé, qni s'arrêtaient tristement aux ruines de Palmyre. Ces caravanes mêmes disparurent: *Etiam periere ruinæ !*...

Jusqu'à ces derniers temps, le chemin du Cap fut préféré comme moins dangereux et plus économique, bien qu'il allongeât le parcours de 2500 lieues. Le canal de Suez vient de rétablir l'ancien courant commercial vers l'isthme égyptien : Port-Saïd remplace Alexandrie. C'est l'oscillation en sens inverse qui commence. Il est évident pour nous qu'elle ne s'arrêtera pas là. Ne voit-on pas déjà des signes avant-coureurs d'un retour de fortune vers la Mésopotamie?... Babylone renaîtra (2). Le gouvernement turc faisait faire, il y a vingt-cinq ans, une double expédition militaire dans la vallée des deux fleuves, avec le but spécial de rétablir la route des caravanes, fermée depuis deux siècles.

Le mouvement d'oscillation est une loi des choses humaines : la civilisation a passé d'abord par les plaines de l'Euphrate, puis par Alexandrie, puis par le Cap; elle revient sur elle-même. Après le Cap, Suez; après Suez, la vallée de l'Eu-

---

(1) Comparez l'opinion de M. Kremer. Voici ce qu'il dit, parlant d'Antioche ancienne : « Sie hatte eine zahlreich Bevölkerung, die nicht nur durch die natürliche überreiche Fruchtbarkeit der umliegenden Ebene wohlhabend und mächtig war, sondern die sich auch noch durch den Handel grosse Reichthümer erwarb, der von der Meeresküste aus *über Antiochien und Balis an der Euphraten* ging, von wo die Waaren auf dem Euphrat verführt wurden. » (*Beiträge von Geogr.*, Wien, 1852.)

(2) M. E. Reclus.

phrate. Et cela, malgré le dépit et l'opposition de l'Angleterre... (Voir la note, page 104.)

Il y eut un moment, au commencement du siècle, où le
vainqueur des Pyramides, se souvenant peut-être d'Alexandre,
jeta son regard d'aigle vers la route que le héros grec avait
suivie. Bonaparte avait eu la pensée de restaurer la voie de
l'isthme arabique ; aurait-il eu de même celle de restaurer la
voie de la vallée de l'Euphrate? C'est ce que nous examinerons.

Depuis sept ans, les événements qui se passent en Orient
ramènent les yeux et les esprits vers cette région enchante-
resse de la Mésopotamie. Les Anglais ont pris possession de
Chypre, vis-à-vis de Skandéroun. Deux sujets britanniques
ont demandé la concession d'un chemin de fer qui gagnerait
Alep, des terminus de Saint-Jean d'Acre et de Tripoli (1882),
avec faculté de prolonger sur Aïntab et sur Bagdad ; deux
autres ont postulé pour une ligne de tramways à vapeur des-
servant Skandéroun, Alep, Aïntab, Bir, Meskené (1883). Enfin, un firman impérial (1) du 6 février 1883 accordait à deux
notables français d'Antioche la construction et l'exploitation
d'un chemin de fer Souéïdieh-Antioche ; mais il a, dit-on, été
révoqué récemment. Si tous ces travaux sont possibles, le
probable est qu'ils ne s'exécuteront jamais.

D'ailleurs, la solution, pour nous, n'est pas là. La solution,
elle est dans un canal à double fin, canal d'irrigation en même
temps que de navigation maritime et fluviale. La vie renaîtrait
dans ces contrées jadis les plus riches du monde, qui sont
frappées de stérilité parce qu'elles manquent d'eau. Le trafic
serait considérable.

La solution, c'est de créer un fleuve puissant de Souéïdieh
au golfe Persique :

En faisant couler l'Euphrate de Bélès à la Méditerranée par
le sud d'Alep et par Antioche ;

Puis, en approfondissant la « Grande Rivière » de Bélès à
Féloudjah (près de l'ancienne Babylone) ;

_____

(1) *Etude sur un projet de chemin de fer de la Méditerranée à la frontière persane*, par M. Séjourné.

En passant de l'Euphrate dans le Tigre par le canal de Saklavijah remis en état ;

Enfin, en descendant le Tigre de Bagdad à Kornah, puis le Chot-el-Arab, par Bassora, jusqu'à Fao sur le golfe.

« La vallée, qui prolonge à travers l'Asie antérieure la coupure transversale du golfe Persique, va raser au nord-ouest la zone littorale, et, par une brèche des montagnes, communique avec la basse vallée de l'Oronte ; la *dépression naturelle* se maintient de l'une à l'autre mer (1). »

Il s'agit de profiter de cette dépression naturelle, que Dieu semble n'avoir creusée de son doigt souverain que pour inviter l'homme à s'en servir, à l'achever suivant ses besoins ; de cette dépression qui fut précisément la cause et le principe du grand courant d'affaires dont nous parlions tout à l'heure. et dont on ne peut nier l'existence dès la plus haute antiquité.

Pour le vaste travail que j'indique, les anciens eux-mêmes sont nos maîtres dans la région qui nous intéresse. Rappelons-nous le canal de Nabuchodonosor, cette œuvre extraordinaire d'irrigation et de navigation, que nul travail moderne dans le même genre n'a dépassée jusqu'ici. Ce canal marchait parallèlement à l'Euphrate, de Hit à la mer, sur une distance d'environ 1 000 kilomètres, — véritable rivière, s'étalant sur une largeur moyenne de 50 mètres, et présentant des réservoirs-régulateurs immenses, pavés et maçonnés. Ce n'était que l'artère principale d'un réseau complet de voies similaires, dont le Nahr-Isa (Saklavijah) est le dernier reste, et peut, tout affaibli qu'il est, nous donner une idée passablement exacte : voilà ce qui doit nous faire réfléchir sur l'importance de ces contrées abandonnées !

Sans doute le canal Indo-Européen, sans doute la navigation maritime de l'Euphrate et du Tigre serait une entreprise gigantesque ; mais elle serait digne des forces modernes et digne aussi des pays qu'elle ressusciterait.

Examinons donc ce qu'étaient autrefois ces pays et ce qu'ils sont, hélas ! aujourd'hui. Nous parlerons ensuite du transit

______

(1) M. E. Reclus.

probable par le futur canal, et nous verrons qu'à ces deux points de vue — transit, résurrection de la Syrie et de la vallée de l'Euphrate — l'entreprise serait industrielle, c'est-à-dire largement rémunératrice. Dans l'intervalle, nous nous occuperons de la réalisation technique du projet — projet bien capable de tenter l'activité d'un siècle qui ne connaît pas d'obstacles matériels.

II

DE LA SYRIE SEPTENTRIONALE.

Les auteurs anciens l'attestent : la Syrie, par son agriculture presque autant que par son commerce, atteignit, dès les temps les plus reculés, au plus haut degré de prospérité. La terre, cultivée avec soin par une population nombreuse, était d'une fertilité remarquable. Elle présentait un aspect qu'elle n'a plus aujourd'hui. Des cités florissantes s'élevaient de toutes parts, même du côté du désert où sommeille Palmyre. Le voyageur allemand Burckhardt (1), entre Alep et les bords de l'Oronte, rencontra les ruines de quarante-deux villes anciennes !

Et pourtant, même aujourd'hui, même dans sa décadence actuelle, quel pays que la Syrie ! et quel tableau que celui qu'elle présente ! Une nature obstinément opulente fournit à l'homme, presque spontanément, le froment, le seigle, la fève, le riz, le maïs pour sa nourriture, le coton pour ses vêtements, l'orge pour ses bestiaux. Des collines verdoyantes, où le mûrier entretient des milliers de vers à soie ; des montagnes où se trouvent toutes les essences de bois : le cèdre et le chêne, le platane et le sapin, le sycomore au feuillage prodigieux ; des vergers où l'oranger, le figuier, le bananier, le citronnier, le pommier rivalisent d'excellence : voilà ce qu'on trouve encore en bien des endroits. On a planté des cannes à sucre sur le littoral ; elles ont égalé celles du delta d'Egypte. L'indigo, le tabac ont été cultivés avec succès. La vigne, élevée en

(1) *Reise in Syrien.*

échalas ou grimpant sur les chênes, a donné des vins rouges
et blancs, qui, mieux soignés, pourraieut égaler cenx de la
Gironde. On sait qu'Antioche a le privilège des olives, Alep
celui des pistaches. Volney prétend qu'on pourrait facilement
obtenir du café dans de nombreux points du pachalick d'Alep,
dont le terrain a plus d'une ressemblance, dit-il, avec celui de
l'Yémen. Ajoutez qu'on rencontre en Syrie beaucoup d'animaux utiles et peu de nuisibles, et vous aurez un portrait
fidèle de ce paradis terrestre.

Il existe pourtant trois fléaux dans cette contrée privilégiée ;
ce sont les secousses du sol, qui n'amènent d'ailleurs que rarement de grandes catastrophes ; puis les sauterelles, qui paraissent de temps en temps et s'abattent sur le pays ; enfin les
nomades, fléau bien pire que les deux autres, les nomades,
qui font devant eux la solitude et derrière eux le désert.

La présence des sauterelles constitue une analogie de plus
entre la Syrie et l'Egypte, qui sont déjà sœurs sous tant de
rapports. Ajoutons que ces insectes destructeurs se présentent
ici moins souvent qu'en Egypte, et que leurs dégâts y sont
beaucoup moins sensibles. S'il en était autrement, resterait-il
quelque chose à manger alors que personne ne travaille ? Sou-
mise aux sauterelles comme la vallée du Nil, la Syrie produit
encore, malgré le manque d'eau, malgré la paresse et l'indolence des habitants : c'est là ce qui prouve sa supériorité sur
l'Egypte.

L'Oronte ou Nahr-el-Asy (le fleuve Rapide) est la plus grande
rivière de la Syrie septentrionale, ou, pour mieux dire, la seule
rivière de cette région. Encore faut-il être indulgent pour dé-
corer du nom de *rivière* un cours d'eau qui tantôt présente des
chutes torrentielles, tantôt se réduit à quelques flaques crou-
pissantes, réunies entre elles par un courant insignifiant.
L'Oronte se jette dans la Méditerranée par le golfe de Souéïdieh (Séleucie). Cette ville était autrefois une place très forte,
le port d'Antioche, la molle capitale de l'Orient. La capitale
déchue fut une des plus vivantes et des plus riches cités du
monde entier. Détruite par Khosroës le Parthe et relevée par
les soins de Justinien, elle conserva sa grandeur jusqu'aux

derniers temps de la domination romaine. Elle contenait encore 300 000 habitants un siècle avant l'apparition des Turcs. Séleucie voyait autrefois mille vaisseaux dans son port creusé de main d'homme entre deux môles indestructibles, et cent mille marins ou commerçants dans son enceinte.

Aujourd'hui, la puissante Antioche est devenue Antakiéh : si ce n'est plus, comme on le disait justement il y a cinquante ans, un bourg composé de chaumes misérables, avec des fumiers devant chaque porte, des trouées caverneuses au lieu de rues, des mares infectes en guise de places, si l'on y fait quelque commerce et quelque agriculture, c'est, en somme, bien peu de chose. Séleucie n'est qu'une plage où dix ou douze bateaux pêcheurs viennent s'abriter !... A l'époque des Séleucides, la vallée de l'Oronte inférieur nourrissait cinq cents éléphants, dix mille chevaux, des troupeaux innombrables ; et ses villages se regardaient, à quelques stades de distance, sur une étendue de 20 lieues. Aujourd'hui, cette vallée ne montre plus, de loin en loin, que les tentes noires des Bédouins et les tentes blanches des Turkomans. Parmi ces nomades, quelques-uns viennent de Djézirèh, sur le Tigre — soit 120 lieues de parcours...

Une seule ville est restée debout, de toutes les magnificences de jadis. C'est l'ancienne Béroë, l'Haleb des Arabes, Alep, *l'entrepôt de l'Europe et des Indes* — l'une des étapes des grandes caravanes. Située au milieu d'une plaine onduleuse, aux coteaux plantureux, aux vergers couverts de pistachiers, Alep possède dans son sein le Kouëk (Chalus), une toute petite rivière qui ne tarit jamais, avantage inappréciable en Orient. Cette cité, merveilleusement placée entre Erzeroum et Bagdad, entre Alexandrette et Trébizonde, voit s'arrêter dans ses murs toutes les richesses de l'Asie ; elle est le déversoir de l'Arménie ; elle envoie ses marchands en Perse ; elle communique au golfe Persique par Bassora ; par Damas, elle touche à l'Égypte, à la Mekke ; par la Méditerranée à l'Europe. C'est l'héritière du grand courant commercial qui traversait l'Asie antérieure aux temps antiques, courant bien affaibli, nous l'avons dit, mais encore puissant malgré tout.

Le sol est d'une fertilité *proverbiale* dans presque tout le pachalick d'Alep. Ce sol, sous les premières pluies d'automne, donne une herbe épaisse, savoureuse, même quand l'homme n'a rien semé ; si la charrue a tracé les moindres sillons, les blés viennent aussi drus que dans notre Beauce, et les cotonniers montrent une vigueur extraordinaire. La terre jouit d'une fécondité qui lui permet de produire sans se reposer, et sans tomber dans l'engourdissement plus ou moins prolongé des régions moyennes ; malgré cette abondance de fruits d'un sol à peine travaillé, les deux grandes plaines d'Antioche et d'Alep sont aux trois quarts en friche. Les nombreux canaux d'irrigation et de transport sont comblés ou desséchés. Plus de voies, plus de ponts... Partout des ruines. .

D'Alep à Bélès et Djaber sur l'Euphrate, c'est à peu près le même aspect que la plaine d'Antioche, comme abandon, comme négligence de l'homme ; mais la nature du pays n'est plus la même. Ce sont de grandes plaines verdoyantes, au sous-sol alluvionnaire, accidentées seulement de quelques monticules portant à leur sommet des citadelles écroulées. Les villages sont de plus en plus éloignés. Partout des Kourdes, des Turkomans, des Bédouins.

C'est déjà la vie nomade, en plein : nous avons dit, d'ailleurs, qu'elle s'étendait jusqu'aux abords d'Antioche, c'est-à-dire presque jusqu'aux rivages de la Méditerranée. Parmi les Bédouins, la célèbre tribu des Montéficks venait, il n'y a pas longtemps encore, de Bassora, faire paître ses troupeaux vers Rakkah (Thapsaque), tout près de Djaber, trente journées de marche, de soleil et de solitude ; mais ceci rentre dans la Mésopotamie : nous en reparlerons plus loin.

Quelques mots sur la question maritime en Syrie. Malgré ses nombreux golfes, la côte syrienne est presque tout entière d'un abord difficile et d'un séjour dangereux. Les vents d'ouest sont souvent d'une grande violence ; et, dans les rades, le fond généralement formé de roches aiguës détériore promptement les câbles. Il faudrait cependant être assuré d'un bon port, où, par suite de la nature du fond, il y eût peu de chasse sur les ancres et moins d'usure des câbles : ce serait un point capital.

Il est probable que la rade de Souéïdieh présentait de grands avantages pour la formation d'un port, soit contre les vents, soit pour le fond, puisqu'on l'avait choisie pour y creuser un bassin immense, en même temps que l'on choisissait l'emplacement d'Antioche comme ville de commerce et d'industrie. Le djébel Mousa (Pierius) et le djébel Akra (Casius) forment deux remparts naturels à l'entrée de l'Oronte, s'élevant comme deux phares qui dominent au loin la Méditerranée vers l'ouest, et vers l'est la vaste plaine qui s'étend de l'Oronte à l'Euphrate. Pour les vaisseaux construits de nos jours, il faudrait sans doute prolonger les jetées à la mer jusqu'à la distance de plus de 1 kilomètre. Mais alors les abords du port deviendraient faciles, quoi qu'on en ait dit. C'est là que tous les promoteurs de voies nouvelles pour la région devraient indiquer leur tête de ligne, si du moins il ne s'agissait pas de chemins de fer — entreprises qui seraient assez étranges dans une vallée faite comme celle de l'Oronte. Au reste, pour trouver un port devant desservir Alep, c'est-à-dire le point central du commerce de ces régions, on ne peut hésiter qu'entre Alexandrette (Skandéroun), Souéïdieh et Latakiéh (Laodicée), car Bayrouth et même Tripoli sont trop loin. Ecartons Bayrouth. La rade d'Alexandrette est assez bien garnie contre la vague du large ; son fond de sable est apprécié par les marins. Mais elle est dangereuse en hiver à cause des trombes qui tombent des pics neigeux des montagnes, dangereuse en été par suite des [miasmes fiévreux qui s'échappent des marais du voisinage.

Aussi, malgré sa bonne situation, la ville d'Alexandrette n'a *jamais pu fleurir*. Cette petite cité, dans l'état actuel des choses, semble le port le plus commode pour Alep ; mais le commerce préfère un plus coûteux voyage, un plus long détour, et les marchandises venant d'Alep et destinées à la voie maritime sont portées soit à Latakiéh, soit à Tripoli.

Latakiéh est placée à la base d'une pointe, qui s'avance assez fortement dans la mer, sorte de jetée naturelle qui garantissait le port antique des tempêtes occidentales. Grâce au môle solidement construit, des centaines de galères s'abritaient à l'aise le long des quais de la ville. Aujourd'hui, les sables de la Méditerranée encombrent de plus en plus ce port artistement creusé. Le môle en ruine n'est plus qu'un écueil, et c'est à peine si quatre de nos trois-mâts de 200 tonneaux oseraient s'aventurer à la fois dans ce bassin rétréci.

Tripoli de Syrie est une véritable *échelle du Levant*. Chaque nation y a pour ainsi dire son quartier. Le bord de la mer est appelé, par les Provençaux, *la Marine*, sans doute pour ne pas dire *le port*, car il n'y a pas de port. Il n'y a qu'une rade à fond de roche, exposée aux violences du vent du nord-est, qui s'échappe avec furie des golfes de Tarsous et d'Alexandrette. Cette rade est dangereuse. Tripoli, depuis longtemps, a vu deux rivales enlever la majeure partie de ses affaires : ce furent Latakiéh au siècle dernier, et Beyrouth de nos jours. L'activité de Tripoli ne dure que trois mois par an, à l'époque la moins chaude, où le vent régulier du nord permet l'arrivage et l'appareillage des navires à voiles. La ville est fiévreuse et très malsaine (1).

Tout semble donc indiquer Souéïdiéh comme devant fournir le meilleur port de la Syrie septentrionale. Aussi rapproché d'Alep qu'Alexandrette elle-même, ce point se trouve être très salubre, quand Alexandrette ne l'est pas. La rade de Latakiéh n'est pas moins bien abritée que celle de Souéïdiéh, mais elle est beaucoup plus éloignée d'Alep. Tripoli réunit les inconvénients d'Alexandrette et de Latakiéh.

Des considérations de premier ordre feraient donc pencher la balance en faveur de Souéïdiéh, alors même que ce lieu ne s'imposerait pas comme origine du canal indo-européen, pour la triple cause de la distance minimum entre la Méditerranée et l'Euphrate (à Bélès), de l'embouchure de l'Oronte et de la configuration du sol.

Résumons notre appréciation sur la Syrie septentrionale.

Plus que toute autre partie de la Syrie, le pachalick d'Alep

(1) Chaque semaine, l'un des paquebots (poste) de la compagnie française des Messageries maritimes s'arrête devant Beyrouth, Tripoli, Latakiéh et Skandéroun, — les services circulaires d'Egypte et de Syrie étant bimensuels.

présente le spectacle continuel de la magnificence de la nature
et de la misère humaine. Le nombre des habitants est déri-
soire, relativement à la surface du territoire occupé.

Que voyons-nous, en somme? Des terres excellentes, mais
qui restent en friche, faute de bras, faute d'eau, du moins faute
de bonne utilisation de l'eau. De luxuriantes prairies, mais que
les campements désordonnés des tribus nomades ravagent
sans cesse. Des champs au sol gras et fécond, mais qui ne
produisent dans leur abandon que de hautes herbes inutiles.
Quelques montagnes productives au sud d'Antioche, quelques
beaux vergers autour d'Alep.

Si le pachalick renferme une riche capitale, il ne renferme
aucune ville intermédiaire, aucun port fréquenté... Partout
des ruines; partout l'image la plus triste de la barbarie.

Quant au nombre des indigènes, qui le saurait? Parmi les
cent mille habitants d'Alep, la moitié (plus peut-être) est population flottante, population d'étrangers qui font le commerce.

Les campagnes sont aux tribus de passage.

Les bourgs et hameaux, fort peu nombreux, ne contiennent
que de pauvres laboureurs ou de non moins pauvres pêcheurs.

Pour Alep seule, un commerce de transit et les avantages
d'un entrepôt considérable. Partout ailleurs, peu d'agriculture, c'est-à-dire l'abrutissement et la faim.

À quoi faut-il attribuer un si déplorable état? Nous
l'avons déjà fait pressentir : aux nomades. Mais il faut remarquer qu'ils ne sont pas la cause première des maux de
cet infortuné pays, et que, s'ils se sont abattus sur lui, c'est
qu'ils le trouvaient dépeuplé par suite des guerres continuelles
dont il a souffert depuis l'époque musulmane. Quelques chré-
tiens et quelques Turcs sont les seuls cultivateurs de la contrée; et, de jour en jour, les populations agricoles tendent à
la quitter, devant les progrès, s'accentuant de jour en jour,
des populations pastorales. C'est un cercle vicieux. Les Bédouins nomades, surtout aujourd'hui, ne sont pas des com-
battants marchant en armées, pour conquérir; ce sont les bergers d'immenses troupeaux. Voyant un territoire riche et
presque désert, ils l'envahissent, — et les rares habitants se dé-

robent devant eux ; le champ d'action étant dès lors agrandi, les nomades s'avancent encore : et c'est ainsi qu'ils occupent maintenant, pendant certains mois de l'année, toute la bande oblique de terrain comprise entre le golfe Persique et les rives de l'Oronte, jusqu'à quelques lieues des bords de la Méditerranée.

L'absence d'habitants sédentaires a produit l'absence d'eau, dans une contrée toute sillonnée pourtant de ruines de citernes, de canaux et d'aqueducs. C'est un fait d'expérience, que la pluie ne tombe que sur les sols arrosés : l'eau semble attirer l'eau. Jamais il ne pleut sur certains sables asséchés ; amenez-y de l'eau, vous verrez la pluie arriver.

Rappelez le mouvement et l'eau dans le désert de Syrie, et vous rendrez aussitôt la vie à ce pays mourant. Les Bédouins se retireront d'eux-mêmes. Il n'y a pas besoin de refouler les nomades : ils reculent naturellement devant la civilisation, comme ils s'avancent naturellement devant la solitude. Ils sont semblables aux bêtes féroces, qui, maîtresses des forêts, y paraissent terribles ; et pourtant à mesure que la torche des pionniers dévore les arbres, les fauves s'éloignent et rentrent dans la partie sauvage des bois. Le jour où la forêt a disparu, les animaux ont disparu comme elle ; ils sont allés chercher d'autres solitudes, et personne n'entend plus parler d'eux.

Nous aussi, pionniers de la civilisation, portons son flambeau dans les régions syriennes. A sa lueur, les Bédouins regagneront le désert, et soudain Antioche et Séleucie sortiront de leur tombeau. Qui donc n'applaudirait à ce succès remporté sur la barbarie ?

III

DE LA VALLÉE DE L'EUPHRATE ET DU TIGRE.

Les contrées arrosées par l'Euphrate et le Tigre, et comprises entre le Taurus et le golfe Persique, ont été le berceau de l'humanité. De bonne heure, elles furent habitées par des peuples plus ou moins unis de religion, de mœurs et de langage. Un grand fleuve, un sol fertile : voilà le noyau des puissants empires.

Ces vastes régions, depuis la latitude de Bir (Bira, Biré, Biredjick) jusqu'au golfe Persique, se divisent naturellement en trois zones. Nous ne parlerons pas de la partie au nord de Bir, partie montagneuse, encore assez riche, assez cultivée, assez industrielle — en un mot, du Diarbékir; cela ne rentre pas dans notre cadre. Les trois zones que nous devons étudier sont les suivantes :

De la latitude de Bir à celle de Kerkisiéh (Circésium, Karkhémis, Abou-Séraï), confluent de l'Euphrate et du Khabour. Cette zone représente assez bien la Mésopotamie proprement dite des anciens. Elle est presque toute en plaines — extrêmement fertile, mais nullement cultivée. Il n'y gèle que dans la partie la plus septentrionale. Les chaleurs de l'été sont très fortes et se prolongent jusqu'au milieu de l'automne. Il pleut beaucoup à la fin de l'hiver, au commencement du printemps ; mais presque pas en automne. L'été malheureusement est très sec, et la terre se trouve comme brûlée. Si ce pays était un peu plus arrosé, soit par les pluies, soit au moyen de l'irrigation, *il ne le céderait, pour l'abondance et la diversité des productions, à aucun pays de la terre* (1). En effet, lorsque les pluies du printemps se prolongent un peu, les orges et les froments s'élèvent à grande hauteur, et produisent trente et quarante fois autant que la semence confiée à la terre *dans l'état actuel.* Les pâturages sont excellents et très abondants : les nomades ne le savent que trop. Dans les quelques endroits habités par des populations sédentaires, sur les bords de l'Euphrate (Bélès, Djaber, Rakkah, Chélibi, Deyr), l'on récolte des grains et des légumes de toute espèce, un peu de riz, beaucoup de sésame, une assez grande quantité de coton. La vigne, l'olivier, le mûrier viennent très bien, mais ne sont pas assez multipliés. Les abeilles se plaisent singulièrement dans la région, et donnent un miel de très bonne qualité. Les

(1) Ollivier.

orangers, les citronniers et les cédrats sont fort beaux. Les pêchers, les abricotiers, les amandiers, les figuiers, les grenadiers, les pruniers, les cerisiers, les poiriers donnent des fruits excellents. Nous pourrions citer un grand nombre d'antres productions, par exemple le tabac.

Entre la latitude de Kerkisiéh et celle de Hit et Bagdad s'étendent les immenses plaines de Sennaar. C'est la deuxième zone. Elle n'est susceptible de culture que sur les rives mêmes des deux fleuves, dans l'encaissement qu'ils se sont creusé pour leur lit. L'intervalle de l'Euphrate au Tigre n'offre que le désert, surface grisâtre et blanchâtre, imprégnée de gypse et de sel marin, couverte presque partout d'une absinthe odorante, et laissant parfois distiller le bitume à fleur de terre. Le bord des deux fleuves au contraire est très fertile, grâce à l'épaisse couche de limon qu'ils ont lentement déposée ; malheureusement la population fixe se réduit à deux ou trois villages. Sur l'Euphrate, entre Kerkisiéh et Hit, la ville du naphte, on ne voit guère d'autres habitations que celles d'Anah. Anah passe pour une ville dans ces lieux déserts ; mais ce n'est qu'une rue, longue de 8 à 9 kilomètres, dont les maisons espacées ne logent pas plus de 3 000 individus. Pour le dire incidemment, les solitudes de Sennaar rendirent seules possible la coexistence des deux grands empires de Ninive et de Babylone. rivaux et si rapprochés ; Ninive (Mossoul) était dans la première zone, sur le Tigre, et Babylone (Hillah), dans la troisième, sur l'Euphrate. Le désert qui forme la deuxième zone était comme une barrière naturelle entre ces puissances ennemies, qui sans cela se seraient heurtées encore plus souvent l'une à l'autre... La fameuse muraille Médique, ou de Sémiramis, suivait à peu près la latitude de Hit à Bagdad.

La troisième zone comprend l'espace entre cette latitude et la ville de Kornah (la Corne), au confluent du Tigre et de l'Euphrate, plus la vallée du fleuve formé par leur réunion, le Chott-el-Arab. Cette région constitue aujourd'hui l'Irak-Araby ; c'était la Babylonie autrefois. Elle est absolument alluvionnaire, due en entier à l'apport des deux fleuves. « Toute la

Babylonie (1) est, comme l'Egypte, sillonnée de canaux; le plus grand est navigable : il va de l'Euphrate au Tigre... Cette contrée est, *de toutes*, la plus fertile que nous connaissions en céréales. On n'essaye pas d'y cultiver les arbres fruitiers, ni le figuier, ni la vigne, ni l'olivier; car le sol est si propre aux céréales, que le blé rapporte *en moyenne* deux cents, et dans les années les plus favorables trois cents pour un ! Les feuilles du froment et de l'orge acquièrent facilement jusqu'à quatre doigts de largeur. » La Babylonie est très apte à la culture du cotonnier, de la canne à sucre, de l'indigotier et principalement du dattier (2). Les produits qu'on y récolte sont encore plus délicats que ceux des bords du Nil. Le pays rappelle le Delta non seulement par la nature du sol, mais par la température de l'air et la diversité des productions. Ici pourtant, les crues fluviales n'ayant pas autant de régularité qu'en Egypte, des travaux d'irrigation deviennent nécessaires, ainsi que des travaux de protection contre les inondations. Quand bien même les anciens auteurs (3) ne nous parleraient pas des ouvrages des peuples antiques, nous les devinerions sans peine aux restes de canaux et de réservoirs qu'on rencontre en tous lieux. On voit aussi, fréquemment, des amoncellements de terre qui se prolongent à de grandes distances *en ligne droite*, et qui clôturent des terrains parfaitement nivelés. On croit reconnaître que la plupart des propriétés étaient disposées en échiquier ; chaque culture était limitée par un remblai, tant pour la garantir des inondations que pour avoir la facilité d'y faire entrer les eaux d'irrigation, sans nuire aux cultures voisines.[;]

Le Tigre et l'Euphrate n'ont donc pas de crues régulières et constantes, comme le Nil. Les pluies qui tombent, au printemps, sur les frontières de la Perse et sur les contrées élevées du Kourdistan, de l'Arménie et de la haute Mésopotamie sont généralement abondantes; si ces pluies se mêlent tout à

(1) Hérodote, 1, 193.
(2) Chesney.
(3) Voir Xénoph., *Anab.*, II, 3, 7; Strab., liv. XV, chap. 1; Amm. Marcell., XXIV, 3.

coup aux eaux provenant de la fonte des neiges, alors les deux fleuves reçoivent une masse d'eau qu'ils ne peuvent contenir, et les lieux les plus bas sont inondés. (Remarquons en passant que le canal de Bélès à la Méditerranée serait une saignée considérable pour l'Euphrate, saignée par où s'écoulerait une partie des eaux en excès. L'approfondissement des deux fleuves compléterait la *régularisation*. Pendant la saison sèche, la diminution du volume d'eau n'aurait aucun inconvénient : il en résulterait simplement une diminution dans la largeur du lit; cette largeur dans l'état actuel est couramment de 500 à 1 000 mètres, même durant les mois torrides.) Revenons aux pluies de printemps. Si, contrairement à ce que nous supposions tout à l'heure, elles ne sont pas abondantes, ou si la fonte des neiges est lente et successive, les fleuves ne débordent pas. Des faits analogues se produisent pendant l'automne et l'hiver.

Dans la troisième zone, il ne pleut jamais depuis le mois de mai jusqu'au mois d'octobre, et fort rarement durant les autres mois de l'année ; ce qui fait qu'on n'y peut cultiver que les terres arrosées par les eaux des fleuves. Mais les habitants anciens, plus prévoyants et plus industrieux sans doute que les Egyptiens, ont été bien moins exposés à des *famines*, parce qu'ils ne comptaient jamais sur les inondations toutes seules.

Ce serait un grand bienfait que de rétablir la régularisation de l'Euphrate. Les anciens s'étaient occupés du problème ; et l'on peut tenir pour certain qu'ils l'avaient résolu. Le « canal Royal (1) », ainsi qu'un autre dont l'histoire n'a pas conservé le nom, furent creusés pour combattre les débordements du fleuve. Ces canaux allaient de l'Euphrate au Tigre ; on les attribue à Nabuchodonosor. Outre leur destination première, ils présentaient encore le triple avantage d'être utiles à la

---

(1) Nahr-Malkha, mot araméen : de *Nahr*, fleuve, et *Mélekh*, roi. Pline (VI, 26) l'appelle *Armalchar*, mot qui n'est qu'une corruption de son nom indigène ; Ammien Marcellin, *Fluvius Regum* (XXIV, 2), traduction de Nahr-Malkha, puis *Flumen fossile* (XXIV, 5), mot indiquant que c'était bien un canal, un ouvrage de main d'homme, malgré ses dimensions.

défense du pays, à la communication des deux fleuves, enfin
à l'agriculture. Il semble, d'après un passage de Quinte-Curce
(lib. V, cap. 1), que le Nahr-Malkha, du temps d'Alexandre,
était tombé dans l'oubli. Cela paraît cependant bien extraordinaire... On sait que Trajan ordonna de réparer le canal, et
que Septime Sévère, cent soixante-trois ans après, le fit re-
creuser — Septime Sévère peut être regardé comme le premier des empereurs syriens. La pensée de ces deux hommes
supérieurs était une pensée commerciale : ils voulaient rétablir la communication fluviale de l'Euphrate au Tigre. Dans sa
campagne contre les Parthes, ou les Perses, comme dit
Ammien Marcellin par archaïsme, l'empereur Julien fit déblayer le Nahr-Malkha par ses légionnaires : on ne l'avait
retrouvé qu'avec beaucoup de peine (1). Voilà comment les
œuvres des hommes disparaissent ! La période de torpeur
commençait déjà pour ces régions. Le canal était entièrement
à sec et presque comblé par de gros blocs de pierre, quand
Julien le fit déblayer : les eaux y rentrèrent aussitôt après le
curage, et les troupes purent s'embarquer. Depuis cette époque, il n'est plus fait mention du canal, sinon du temps des
kalifes, comme le rapporte Rich, sur l'autorité du major
Rennel.

La Babylonie est exposée aux mêmes fléaux que l'Egypte.
Il convient de faire observer que les vents du sud sont moins
pernicieux en Arabie qu'en Egypte, car lorsqu'ils pénètrent
dans ce dernier pays ils ont parcouru toute l'étendue brûlante
de l'Afrique ; cependant, même en Babylonie, ils sont très
nuisibles à la plupart des végétaux, en ce qu'ils hâtent leur
maturité, dessèchent leur terre, et peut-être aussi les gênent
dans leur respiration en embrasant l'air atmosphérique. A la
suite de ces vents, il arrive de l'intérieur de l'Arabie et des
contrées les plus méridionales de la Perse des nuées de sauterelles (2) dont le ravage est comparable à celui des fortes
grêles d'Europe. Heureusement, ces insectes vivent peu —

(1) Amm. Marcell., XXIV, 5.
(2) Plus exactement : de criquets.

deux ou trois jours : ils semblent n'avoir émigré que pour se reproduire et mourir. Derrière les sauterelles, on voit toujours accourir le *ramarmar* ou merle rose (1) ; il suit les sauterelles dans leur émigration non seulement pour s'en nourrir, mais même pour les détruire, car il en tue bien plus qu'il n'en mange (2). Cet oiseau jouit d'une grande vénération dans tout l'Orient, à cause du bien qu'il fait... Il est certain que la Babylonie était moins éprouvée par les sauterelles anciennement que de nos jours, car aucun des auteurs de l'antiquité n'en parle. Hérodote, Xénophon, Strabon, Pline, Ammien Marcellin n'en disent rien.

La vallée de l'Euphrate et du Tigre nourrit des animaux domestiques — cheval, mouton, chèvre, chameau, buffle — d'une qualité supérieure (3). Seuls le bœuf et la vache paraissent moins fins que chez nous; mais il est à penser qu'on obtiendrait de bons résultats par des croisements habilement pratiqués, et que dès lors on pourrait lutter avec avantage contre les produits du Far-West américain.

Aujourd'hui, la Babylonie elle-même n'est plus qu'un désert inculte, malgré l'étonnante fertilité de son sol. La terre, pendant l'intervalle des inondations, est recouverte par une herbe épaisse, excellente. Les environs de la grande Babylone ne sont plus que des marécages, où vont brouter les troupeaux des nomades.

Voilà ce que sont devenues ces contrées mésopotamiques si justement vantées !

Une chose étrange, c'est qu'un pays si souvent visité par les crues des fleuves souffre aussi du manque d'eau. Pour parler d'une manière plus précise, ce n'est pas l'eau qui manque, c'est l'industrie de l'homme pour savoir s'en servir. L'appauvrissement du sol a suivi la destruction des forêts, de l'agriculture, de la vie sédentaire. Il n'y a qu'une population infime dans les lieux où domine la vie pastorale. Il n'y a pas

(1) *Turdus roseus*, Linn.; *Turdus Seleuci*, Forskal.
(2) Ollivier.
(3) Chesney.

d'eau non plus. L'eau semble être rentrée sous terre. Il n'y en a plus une goutte dans la région d'entre les deux fleuves, en dehors des fleuves eux-mêmes, qui sont d'ailleurs réduits (temps normal) aux deux tiers du volume ancien de leurs eaux.

Le climat, comme le sol, a changé. Là règnent aujourd'hui des chaleurs torrides, où jadis on jouissait d'un climat tempéré. Le caractère le plus saillant de la végétation mésopotamique, c'est l'absence d'arbres forestiers, ce qu'il faut attribuer au défaut d'humidité d'abord, au défaut de plantation ensuite. On coupe volontiers. On n'aime pas à planter. L'homme se moque de sa descendance — il ne pense qu'au présent. Tous les endroits impropres à la culture (la troisième zone, par exemple) pourraient être plantés en forêts : les arbres y viendraient très bien. Sur les bords du Khabour (Kerkisiéh), on trouve encore en plusieurs points de beaux bois de construction — inutilisés, comme les autres richesses de ces malheureux pays abandonnés.

IV

DE LA DÉCADENCE DE LA MÉSOPOTAMIE ET DE SA FUTURE GRANDEUR.

Nous l'avons dit : autrefois des forêts, des moissons à perte de vue, des milliers de villes et de villages couvraient l'espace où l'on n'aperçoit plus maintenant que du thym, encore du thym, toujours du thym.

La destruction du sol, en Mésopotamie, est l'œuvre de l'homme. Le haut pays, la partie nord (Diarbékir) n'est pas stérile, parce que la vie pastorale n'a pu s'introduire là d'une manière définitive. Tandis que, dans le haut pays, il reste des villes, des districts agricoles, des montagnes boisées, que la hache des nomades ni la dent de leurs bestiaux n'ont pas trouvé moyen de supprimer, il reste bien peu de chose dans la région basse ; et, dans la région moyenne, il ne reste plus rien, à l'exception de Mossoul. Cette ville, bien que bâtie sur la rive droite du Tigre, est le chef-lieu du Kourdistan (l'Assyrie de Ptolémée), qui s'étend au-delà de la rive gauche.

Mossoul est un champignon poussé dans le fumier de Ninive, comme Bagdad dans le fumier de Babylone. Les grandes cités ont le privilège de laisser derrière elles un détritus d'où la vie repousse avec acharnement. C'est le cas d'Alep, qui n'est qu'un résidu d'Antioche ; c'est le cas de Damas, de Homs, de Hama, qui sont le résidu de Tyr et des villes phéniciennes de la côte, comme c'est le cas du Caire venu dans la bouc de Memphis, et de Tunis, construite avec les débris de Carthage. Sans cette ressource qu'ont les villes de renaître de leurs cendres, il n'y aurait plus un bourg dans l'Orient turc (1). Mais si la Syrie méridionale et l'Asie Mineure ont tenu contre l'invasion musulmane, la Mésopotamie n'a pu résister aux nomades, à la vie pastorale. On rencontre encore, de loin en loin, le squelette d'une ville morte : il n'y a plus autour d'elle que des champs d'absinthe.

Avec les habitants, a disparu la géographie de la Mésopotamie, y compris la géographie physique. Sa place est marquée par un vide sur la carte d'Asie. Si ce vide n'a pas frappé les géographes, il a frappé quelques hommes d'Etat, entre autres le général Bonaparte et le capitaine, depuis général Chesney. Ce dernier, officier de l'armée britannique. après avoir séjourné plusieurs années en Orient, parvint, non sans peine. en 1833, à se faire charger par le roi Guillaume IV de la mission de descendre l'Euphrate et d'en relever le cours. Il effectua son voyage en 1835. Il ne quitta point les rives du fleuve. Longtemps après son retour, il publiait une carte de la vallée de l'Euphrate, accompagnée de deux volumes de statistique. Chesney nota la situation de quelques villages habités par les restes de populations jadis civilisées, signala des pans de murs inclinés sur l'Euphrate, compta les palmiers d'Anah. Qu'eût-il pu faire de plus? Dans toute la région il n'y avait que cela, puis le désert occupé, deçà, delà, par les nomades insaisissables.

On se tromperait en croyant que la vie sédentaire est

____

(1) M. Derôme.

absente depuis très longtemps. Elle avait survécu tant bien que mal aux courses des Parthes, à l'agression mahométane, à celle des Mongols, à celle des Turcs. Le va-et-vient des révolutions l'avait appauvrie : elle végétait, mais elle avait résisté. Benjamin de Tudèle, qui visitait la Mésopotomie au douzième siècle, vante ses richesses, le nombre de ses villes (1) ; elle était restée l'*entrepôt* du commerce de l'Inde. C'était toujours par elle que l'Europe communiquait avec l'extrême Orient. Damas et Bagdad avaient des relations suivies par la voie de l'Euphrate. L'agriculture n'était pas encore abandonnée. La vie pastorale avait, il est vrai, déjà fait son apparition. Depuis la conquête d'Omar — septième siècle — quelques tribus du Nedjed (Arabie) s'étaient montrées dans le désert de Syrie. Plus tard, les Mongols avaient poussé des hordes kourdes dans la vallée du Khabour (le grand affluent de l'Euphrate, sur la rive gauche). Le moyen Euphrate était occupé par les Moalis, qui n'étaient pas nomades alors : ils le sont devenus très récemment, au dix-septième siècle. A cette époque, si rapprochée de nous, les Moalis, qui tenaient la rive occidentale de l'Euphrate, avaient étendu leur domination très loin vers le sud. Les Taïs, tribu d'Arabes purs, se développaient sur la rive orientale, ou gauche, et dans la vallée du Khabour. D'ailleurs, dans ce même temps, les Turcs possédaient encore de nom et de fait les vallées de l'Euphrate et du Tigre, et tout l'espace intermédiaire.

Tel était l'état des choses sous le sultan Mahomet IV. Le Grand Seigneur assiégeait Vienne, capitale de l'Autriche (1680), quand la frontière méridionale de son empire fut envahie par une horde guerrière sortie du Nedjed à la suite d'événements inconnus. Elle s'empara du Hamad, c'est-à-dire du vaste territoire qui va des confins de la Syrie au golfe Persique, le long de l'Euphrate, et s'enfonce à l'ouest jusque vers le Sinaï ; le Hamad renferme des oasis, des pâturages immenses, *des terres jadis habitées et fertiles*, mais que le passage indéfini des nomades a rendues stériles.

(1) *Itinerarium Beniameni Tudelensis*, Antverpiæ, 1575, in-12.

La frontière turque était donc entièrement dégarnie de troupes, les forces du sultan étant employées en Europe, sur le Danube. Les Chammars (c'est le nom des envahisseurs) détruisirent Palmyre (Tadmor), et couvrirent tout l'espace compris entre Damas et Bagdad, *interceptant ainsi la route traditionnelle des caravanes de l'Inde*. Ils battirent les Moalis et les remplacèrent comme suzerains des villes inférieures de l'Euphrate ; car ces Chammars étaient, je le répète, une horde guerrière assez compacte, et plutôt comparable aux Arabes de Mahomet qu'aux nomades bergers de nos jours.

Les villes du fleuve furent naturellement rançonnées ou mises à sac. Ce n'eût été qu'un malheur temporaire, si l'on se fût occupé de réprimer les démolisseurs ; mais ils eurent le temps de s'établir dans leur conquête, qui ne leur fut pas disputée. Il était inévitable que, sous une telle influence, les villes se vidassent à la longue de leurs habitants; que l'agriculture dépérît au profit de la vie pastorale, celle des vainqueurs. Insensiblement, la vie pastorale prévalut jusqu'à Bir, au nord, *limite qu'elle a conservée*.

Cependant la conquête de ces Bédouins était à peine achevée, qu'une seconde invasion vint compliquer le désordre occasionné par la première. Une autre peuplade du Nedjed, guerrière aussi, plus nombreuse encore que les Chammars, fut alléchée par leur facile succès ; elle accourut pour prendre sa part de la proie. C'étaient les Anézés. Les Chammars, vaincus, furent jetés à travers l'Euphrate dans la grande plaine de la Mésopotamie ; là, trouvant un sol plus riche et plus fertile que celui dont ils venaient d'être expulsés, ils s'établirent aux dépens des Taïs qui succombèrent. Jusqu'à Mossoul, jusqu'au-delà du Tigre, en Perse, les Chammars poussaient d'heureuses incursions ; ils menacèrent même Bagdad. Les villes de la vallée du Tigre, excepté Mossoul, eurent le sort des villes de la vallée de l'Euphrate ; et *la vie sédentaire fut proscrite*.

Tout cela ne s'était pas fait en un jour. Vingt ans s'étaient écoulés. Si, même après ce laps de temps, les troupes ottomanes étaient venues au secours des opprimés, elles eussent aisément rejeté les Chammars et lesAnézés dans les solitudes du Hamad. Mais elles ne vinrent pas. La Mésopotamie fut abandonnée aux envahisseurs. Les pachas de Mossoul et de Bagdad, enfermés dans les deux chefs-lieux de leurs pachalicks, attendirent les événements ; ils les ont attendus jusqu'à notre époque.

L'histoire est si bien entendue, et l'attention des historiens si bien en rapport avec l'importance des choses, qu'ils ne se sont pas occupés d'un fait *qui soustrayait à la civilisation* un territoire plus grand que la France, un territoire qui, depuis l'origine des temps historiques, était le champ de bataille de l'Europe et de l'Asie (1), et la grande voie de communication entre ces deux parties du monde.

Le changement de régime était complet. Les villes s'éteignirent. Avec la destruction du commerce et la fin des caravanes, l'agriculture et la vie sédentaire ne furent plus qu'un souvenir.

Un fait économique, étranger à l'invasion des nomades, s'était produit d'ailleurs, nous l'avons déjà mentionné. Les Européens avaient noué des relations maritimes avec l'Inde et la Chine ; désormais leurs vaisseaux transportaient par le cap de Bonne-Espérance, les produits industriels de l'extrême Orient. On put se passer, en Europe, du transit par la Mésopotamie. C'était une révolution destinée à tuer l'Orient musulman, et ce fut le point de départ de sa décadence.

Ce qui resta du commerce ancien fit le tour des pays occupés par les Bédouins envahisseurs. C'est la route *moderne* des caravanes de Bagdad à Damas, par Mardin et par Orfa (l'antique Edesse). L'émigration du Nedjed dans le désert de Syrie et la Mésopotamie continuait. L'Irak lui-même devint le domaine des nomades ; les Montéficks y sont encore, mais il ne faut pas trop se plaindre des Montéficks, comme nous le verrons.

Toutes ces tribus errantes firent d'une immense région un simple champ de parcours pour leurs troupeaux. Le pays en entier fut désormais une *annexe de l'Arabie centrale*, qui s'étendit jusqu'aux abords de l'Asie Mineure.

(1) M Derôme.

Dès lors, la Mésopotamie n'a plus d'annales. Elle n'est plus qu'une terre en friche, où ses maîtres nomades s'ébattent dans le vide. Ils s'y livrent entre eux à des joutes, à des « tournois » sans fin comme sans résultat. Ils vivent, et voilà tout. Ils n'ont pas prospéré : leur nombre paraît avoir diminué. Loin de former un ou plusieurs corps de nation, ayant un pouvoir commun, obéissant à des lois communes, se réunissant dans un effort commun pour garder au soleil la place que le hasard leur a donnée, ils sont disséminés par groupes de quelques centaines d'individus, traînant à grand'peine leur vie au jour le jour. La misère maintient entre ces groupes l'état de guerre, mais non pas un état de guerre actif — l'état de guerre des animaux qui chaque matin ont leur nourriture à disputer et le licol à fuir.

Entre Bagdad et Damas, dit M. de Lamartine, règnent les vastes déserts de la Syrie et de la Mésopotamie, traversés par l'Euphrate. Il n'y a là ni royaumes, ni villes, ni dominations ; il n'y a que des tentes, que les tribus inconnues, indépendantes promènent dans ces plaines ; tribus qui n'ont de nationalité que dans leurs caprices, qui ne reconnaissent ni patrie ni maître.

Il n'y a pas d'exemple, depuis l'époque de la grande invasion, que l'une des deux principales peuplades, auxquelles appartiennent les diverses familles arabes de ces régions, se soit réunie afin de se jeter sur l'autre. J'emploie à dessein le mot de « familles » ; la faiblesse du lien fédératif entre nomades est extrême, quand il existe. La condition singulière de ces tribus a très heureusement été caractérisée par cette expression : impuissance agitée. Ce sont de petites incursions, des escarmouches qui reviennent périodiquement, « comme les hirondelles au mois de mai », dit Mme Blunt (1), qui se targue d'avoir mené la vie pastorale avec les populations pastorales. Le défaut d'homogénéité, telle est la cause de cette impuissance et de cette agitation.

(1) Lady Anne Blunt, *the Tribes of the Euphrates*, 2 vol. in-8° (with a map), London, 1879.

La situation des pays de l'Euphrate, comme nous venons de l'esquisser, s'est un peu modifiée durant les vingt-cinq derniè-res années. La guerre de Crimée fut pour la Turquie une sorte de rajeunissement, peu sensible en Europe, mais très sensible en Asie. Il est vrai que nous n'en sommes plus à la « jeune Tur-quie » de Midhat-Pacha. Quoi qu'il en soit, après la guerre de Crimée, la Sublime Porte eut un regain de puissance dont ses voisins d'Arabie durent s'apercevoir. Les banquiers européens avaient ouvert leur caisse à la Turquie. Aujourd'hui que la caisse turque est malade, ce serait un moyen de la refaire que de favoriser une entreprise pouvant donner des résultats com-merciaux comparables à ceux du canal de Suez. Mais reprenons Midhat-Pacha. Le gouvernement ottoman s'était donc refait une armée bien organisée, bien équipée, pourvue d'armes de précision. L'activité semblait lui revenir. Il résolut de faire reconnaître son autorité dans le Hamad et dans la vallée des deux fleuves. Il y parvint sans peine.

Sous ces influences nouvelles, Omer-Pacha, gouverneur d'Alep, partait, en 1862, à la tête d'un corps d'armée assez considérable. Il marcha sur Djaber et Deyr, villes de l'Euphrate, les deux seules localités habitées dans ces parages, c'est-à-dire deux forteresses. El-Deyr (le Sépulcre) ayant voulu résister, Omer-Pacha prit la place d'assaut. Il y mit garnison ; et, la reliant à la ville d'Alep par une série de postes militaires (1) intelligemment espacés, il en fit le chef-lieu d'un pachalick nouveau, dont le territoire était arraché du territoire occupé jusqu'alors par les nomades, et s'étendait sur les deux rives du fleuve. Le projet du gouvernement turc était de *rétablir la route des caravanes* coupée depuis deux siècles.

Midhat-Pacha, gouverneur de Bagdad, aida son collègue dans cette entreprise. Il continua, depuis El-Deyr jusque vers Hil-lah, la ligne des postes militaires commencée par Omer-Pacha. La ville d'Anah fut pour Bagdad — ce que Deyr était pour Alep — le chef-lieu d'un pachalick nouveau (pachalick subor-donné, sous-pachalick), également gagné sur le désert, des

____

(1) En turc : *kalaat.*

deux côtés de l'Euphrate. La même opération fut tentée dans la vallée du Tigre, qui rentra dans l'obéissance ottomane.

Le gouvernement turc ne se borna pas à cette conquête militaire, à cette reprise de possession par le sabre. Il s'efforça de ramener un peu de civilisation dans ces malheureuses contrées, — œuvre moins commode que la première. Il voulut soustraire au joug des Bédouins, des Arabes du désert, les misérables tribus de l'intérieur, qui sont *d'origine civilisée*, et qui se sont faites barbares au contact de la barbarie. Dans l'Irak, où le sol est très fertile, le voisinage de Bagdad et de Bassorah permit de vaincre la plupart des difficultés. Moyennant quelques encouragements, ces anciens sédentaires consentirent à se fixer de nouveau, bâtissant des maisons et s'adonnant à l'agriculture. Chose étrange, et qui mérite bien réflexion ! on cite aussi, parmi les tribus devenues agricoles, les Montéficks, qui sont une tribu d'Arabes du Nedjed, et dont l'émigration dans l'Irak est relativement récente : ils ont remis en valeur un vaste district de la Babylonie (1). La propriété, même individuelle, fut constituée d'une façon rudimentaire... Les Chammars et les Anézés ont résisté, jusqu'à présent du moins, à toute tentative de civilisation (2).

Les petites tribus seraient plus aisées à ramener. Elles possèdent des moutons, du bétail, et ne quittent guère leur district. Elles ont également moins de répugnance au travail. Elles

(1) On trouve actuellement sur les deux fleuves un certain nombre de roues hydrauliques, actionnées par le courant et montant l'eau jusqu'au niveau des terres riveraines. Les Montéficks (c'est-à-dire Confédérés) sont seuls adonnés à l'agriculture ; c'est pourquoi seuls ils possèdent des villes, ou plutôt des marchés, car ces villes ne sont guère autre chose. (Denis de Rivoyre, *les Vrais Arabes et leur pays*, 1884.)

(2) Les Turcs avaient bâti, vers 1870, sur la rive droite du Tigre, la forteresse d'Azizié, pour grouper autour diverses populations. Une fraction de la grande tribu des Chammars, du nord de la Mésopotamie, y vint s'installer... Aujourd'hui, tout le monde a disparu ; il ne reste plus qu'un pauvre gouverneur avec une dizaine de zaptiés (gendarmes) résignés. Autant de captifs, sans en avoir l'air... Bagdad, bien qu'occupé par les Turcs, n'est guère toujours que la capitale de l'empire *arabe* avoisinant. Tout autour, les grandes tribus indigènes qui en constituaient jadis le noyau continuent à vivre et à s'agiter dans le même rayon... (D. de Rivoyre.)

ne sont pas sous l'influence de l'esprit militaire qui persiste encore chez les divers groupes des deux peuples principaux. Elles subissent une demi-servitude; elles aimeraient autant (peut-être mieux) dépendre de l'autorité turque que des Chammars et des Anézés. Elles sèment d'ailleurs quelques céréales. L'essentiel serait de les déshabituer de la tente. Tant que leur principale richesse consistera dans ces troupeaux qu'on fait promener au loin afin de leur procurer la nourriture, elles hésiteront à se confiner dans des villages. Mais à mesure qu'elles deviendront riches de la vraie richesse, celle de l'agriculture, elles deviendront plus pacifiques, ayant besoin de protection; elles perdront le goût de courir aventure. D'ailleurs, elles ne peuvent être riches qu'en renonçant à la vie nomade : la vie nomade exclut la richesse.

La Turquie a donc repris officiellement possession de la Mésopotamie et de la vallée de l'Euphrate et du Tigre. Nous disons « officiellement », car en fait il n'y a pas grand'chose de changé dans le pays. La mollesse du gouvernement et l'indolence de ses agents ont, après fort peu de temps, laissé là cette entreprise glorieuse de faire disparaître le régime pastoral d'une région qu'il avait envahie depuis deux cents ans... Et cependant, quelques chiffres suffisent pour montrer ce que vaut ce régime. Les Chammars ont 12 000 tentes, les Anézés 30 000; à quatre ou cinq personnes par tente, cela donne une population de 200 000 individus, au plus. Les tribus inférieures et les lieux occupés par les sédentaires (y compris même les villages du Djébel-Amour, les Djézidis du Sindjar et les îlots de l'Irak) n'en fournissent pas autant. Or, dans l'antiquité, nous ne pouvons pas douter qu'il n'y eût plus de 20 millions d'êtres humains en Mésopotamie !

Aujourd'hui, la Mésopotamie et la Syrie septentrionale sont au Hamad ce que le Tell algérien est au nord du Sahara, c'est-à-dire un refuge d'hiver. Du Taurus au golfe Persique, le fond de la population est devenu, s'est fait Arabe. Cette plaine immense, couverte d'herbes aromatiques, n'est plus qu'un appendice du désert. La présence de deux grands fleuves y est comme une anomalie. Grâce à cette anomalie, il est vrai, l'on pourra regagner le terrain perdu. D'après un proverbe qui court les champs du midi de la France, et que sans doute le siroco d'Afrique a porté de l'autre côté de la Méditerranée, « on ferait pousser du blé sur une pierre, avec du soleil et de l'eau ». Le soleil ne manque pas; et la création de la nouvelle voie indo-européenne ramènerait l'eau dans ces contrées. Pour parler généralement, il a cessé de pleuvoir en ces lieux désolés, parce qu'il n'y a plus de forêts, plus de terres cultivées, plus d'irrigations, trois conditions de l'humidité comme de la fertilité du sol. Le reboisement serait un moyen puissant pour arrêter le vent du désert. Il reste bien peu d'arbres dans la vallée du Khabour, un terrain d'alluvion capable de porter les forêts vierges du Brésil! Les Arabes ont fait le pays à leur image : ils l'ont rendu chauve. Ils voulaient le désert : ils ont fait le désert.

Tel qu'il est, l'Arabe nomade, ancré dans sa coutume, ses habitudes, ses instincts de race, ne se modifiera probablement pas d'une manière sensible. On pourra le faire rentrer dans les solitudes du Hamad ou du Nedjed, et facilement. Mais on ne pourra guère le changer. Le sol qu'il a conquis, il y a deux siècles, n'est pas dans le même cas. On y reverra, si l'on veut bien, « des champs cultivés, une population nombreuse, des villes, de l'industrie, des richesses, de la sécurité. — Ce ne sera pas de sitôt », ajoute un écrivain de talent, M. Derôme, auquel nous empruntons une grande partie de ce chapitre. Il est vrai que M. Derôme n'a pas examiné la solution nouvelle que nous présentons.

« On a supposé, dit cet auteur, qu'un chemin de fer partant d'Alexandrette par Alep, ou de Beyrouth par Damas, et longeant la vallée de l'Euphrate jusqu'en face Bagdad et jusqu'au golfe Persique, serait une résurrection. Un chemin de fer, on peut en construire un, quoiqu'il y ait à vaincre de grands obstacles. Il serait dispendieux. Aucune société financière ne s'en chargerait ; en été, il serait impraticable à cause de la chaleur. Le commerce de transit par cette voie pourrait être considérable ; le commerce local serait à peu près nul. Les paysans sont trop pauvres, trop peu nombreux. Il n'y aurait pas de voyageurs (étrangers) non plus, ou très peu. »

Ces remarques sont judicieuses. Nous ne les contredirons pas ; au contraire. Aussi n'est-ce point là ce que nous proposerions pour amener la résurrection. Un canal, l'approfondissement des deux fleuves, cela n'aurait aucun des inconvénients du chemin de fer : qu'importe, avec une voie fluviale, qu'il fasse chaud l'été? qu'importe que les paysans ne voyagent pas ? Est-ce que ce mouvement local entrerait seulement en ligne de compte? L'entretien d'un chemin de fer serait évidemment des plus onéreux, soit comme matériel roulant, soit comme matériel fixe : les hordes nomades ne se feraient certes pas faute d'essayer d'arrêter les convois, à la façon des Peaux-Rouges du Far-West, ou de bouleverser une voie perdue au milieu du désert. Contre un canal, que pourraient ces mêmes hordes ?... Enfin une ligne ferrée ne rendrait pas au pays l'eau dont il a si grand besoin. Et qui se flatterait, sans eau, de faire renaître la vie sédentaire? Le canal, qui serait à la fois de navigation et d'irrigation, résoudrait d'un seul coup la question industrielle et la question agricole. Je ne saurais trop répéter que ce serait autant une entreprise agricole qu'une entreprise industrielle. Même au point de vue du transit, une voie par eau serait plus avantageuse qu'un chemin de fer, car elle empêcherait un double transbordement de marchandises — à la Méditerranée d'abord, puis au golfe Persique — opération doublement ruineuse, perte de temps et détérioration des marchandises. Peut-on nier que le transport par eau ne soit meilleur marché que le transport par voie ferrée, et que certaines matières ne se gâtent moins dans la cale d'un navire que derrière les planches d'un wagon, sous un soleil quasi tropical?

Notre économiste, ayant justement condamné le susdit chemin de fer de l'Euphrate, continue en ces termes :

« Un chemin de fer par la vallée du Tigre serait plus avantageux. Il traverserait des pays de culture, des villes importantes : Alep, Bir, Orfa, Mardin, Nisibin, Mossoul, Sherghat, Tékrit, Samara. Si l'on construit un *chemin de fer* de la Méditerranée au golfe Persique, ce sera celui-là... »

Je ne dis pas non. Mais, au demeurant, il ne vaudrait pas

beaucoup plus que l'autre. Du reste, écoutons : « Il rendrait de l'opulence et de l'activité à des régions qui ont jadis été le jardin de la civilisation. *Mais il s'écoulerait de longues années avant qu'il pût devenir une affaire financière susceptible de tenter les capitaux européens.* Ailleurs qu'en Turquie, l'Etat en prendrait l'initiative. En Turquie, il serait téméraire, sinon impossible de l'espérer. Le pays n'a pas de quoi se faire enterrer décemment. »

Ce dernier point est contestable. Mais, sans croire l'empire ottoman aussi près du tombeau que le disent certains pessimistes, même en croyant à son relèvement prochain, il ne serait pas nécessaire de lui demander une seule piastre pour le futur canal. On ne lui demanderait qu'une concession, purement et simplement, ainsi que l'abandon des terrains incultes sur une largeur déterminée, comme l'avait obtenu la compagnie de construction du canal de Suez. On conviendra que, dans l'état actuel des choses, cet abandon ne constituerait pas un sacrifice très onéreux.

Il est temps de présenter au lecteur, s'il ne les connaît déjà, M. et Mme Blunt, un couple anglais assez singulier, qui mérite l'attention, sinon la sympathie. Car les époux Blunt ne sont pas fort sympathiques, il faut l'avouer. Ce sont des égoïstes, qui vous déclarent carrément que, du moment que M. et Mme Blunt trouvent la vie pastorale de leur goût, il est tout naturel qu'on laisse sans culture un territoire de plus de 500 000 kilomètres carrés, uniquement pour que les susdits M. et Mme Blunt puissent jouir à leur aise des douceurs de la vie pastorale. On sait qu'il faut beaucoup de place à la vie pastorale.

Mme Blunt, qui paraît porter culottes dans le ménage, a publié dernièrement l'ouvrage (intéressant d'ailleurs) dont nous avons déjà donné le titre. M. Blunt n'a pourtant pas voulu qu'il parût un livre de madame, sans un mot de monsieur : c'eût été *shocking.* Il a donc mis son mot, sous la forme de considérations générales dont nous ferons quelques citations. Pour Mme, comme pour M. Blunt, dont le couple me paraît très uni (je les prie de vouloir bien en agréer ici mes sincères compliments), pour les auteurs, dis-je, il n'y a qu'un genre de vie, un seul, la vie nomade — qu'un genre de délices, un seul, les délices de la tente. Le livre de ces enragés bédouino-philes n'est qu'un long paradoxe pour prouver que l'affreuse civilisation n'a pas « cela » de bon ; et que tout est suave dans la manière d'être de l'Arabe du désert, c'est-à-dire dans la barbarie. Il y a cependant un point sur lequel M. et Mme Blunt paraissent pardonner à la civilisation : ils ont l'obligeance d'avertir le lecteur qu'ils jouissent d'un grand nombre de li-vres sterling de rente (je les prie derechef de vouloir bien agréer mes sincères compliments), et que c'est grâce à cela qu'ils peuvent nomadiser autant que bon leur semble et trou-ver que certains nomades ne sont pas si pauvres qu'on veut bien le dire.

Suivant le ménage Blunt, très chatouilleux en matière de droit arabique, il serait illégitime de déposséder les Bédouins des contrées qu'ils occupent comme s'ils étaient les indi-gènes, au lieu d'être les envahisseurs ! Le pays d'ailleurs ne vaut pas grand'chose : M. Blunt n'en prise pas très haut la fer-tilité ; il conteste même celle de l'Irak, qui fut toujours pro-verbiale.

C'est là que le paradoxe devient intéressant. « Le repeuple-ment de la région serait impossible à refaire ; on n'établira pas vers elle, sans d'immenses efforts, le courant de l'immi-gration européenne. » — Vous croyez ?... D'abord, il s'agit surtout de faire sortir du sol la population qui s'y est cachée... Ensuite, permettez-moi de vous dire que je ne suis pas du même avis que vous concernant l'immigration européenne. Vos idées se modifieraient-elles, par hasard, « si quelque nou-velle puissance venait à se montrer dans le désert » ? Remar-quons en passant l'insinuation. Cela veut dire beaucoup de choses. « La fertilité dont ont parlé les anciens était due à l'irrigation. Or le système babylonien des canaux et des levées de terre ne serait pas à la portée de l'industrie agricole d'au-jourd'hui. » — Cher monsieur, vous m'étonnez. « On n'a pu faire mettre ce système en œuvre que par des nations serviles, chez qui la main-d'œuvre ne coûtait rien. » — On disait aussi

cela pour le canal de Suez!... « Pas un Etat moderne, à voir
les ruines du système babylonien, n'aurait le pouvoir de fournir
à la dépense. » — Vous voulez nous faire peur avec de grands
mots. Pensez-vous que nous ne sachions pas qu'on peut arriver au même résultat par des moyens divers ? Votre compa-
triote, M. Cameron, est plus juste que vous ; je vous citerai
tout à l'heure ses paroles. « Et puis, il n'est pas sûr que le sol
ne soit pas épuisé pour toujours. » Epuisé ? — C'est plutôt le
contraire qui serait vrai. Le sol se repose depuis assez longtemps pour être redevenu riche, s'il s'était jamais appauvri.
« L'irrigation prolongée des anciens a créé partout des dépôts
de salpêtre (1) qui sont un obstacle à la végétation. » — Vous
voulez probablement dire que c'est le manque d'eau, l'évapora-
tion à refus qui cause la présence de ce salpêtre. L'irrigation
nouvelle l'aurait bien vite fait disparaître.

L'excellent M. Blunt est navré par la pensée que la vie nomade pourrait un jour être extirpée de la Mésopotamie et des
environs. C'est beaucoup de sensibilité, mais cela prouve un
bon cœur (pour la troisième fois, mes sincères compliments !).
Il déplore qu'on ait fait et qu'on fasse encore des efforts pour
arriver à ce résultat d'extirpation. Ces Turcs sont bien arriérés !
« Je ne pense pas, dit l'auteur — c'est une concession dont il
faut lui savoir gré — je ne pense pas que leur système de
gouvernement dans la vallée de l'Euphrate soit mauvais. La
protection des tribus pacifiques et la répression des tribus pillardes, l'encouragement à la culture du sol, la *sécurité* des
grands chemins et l'occupation militaire des lieux habités, les
alliances contractées avec les chefs nomades, l'offre de les
aider à faire la police du désert ; rien, en théorie, ne serait meilleur, ou plus conforme aux idées européennes (européennes
est un chef-d'œuvre). C'est dans la pratique qu'ont échoué les
Turcs ; et cela, pour des motifs incurables. Encore n'ont-ils pas
complètement échoué. (Voyons ! ont-ils échoué ? n'ont-ils pas
échoué ?... Sont-ils incurables ou pas incurables ?...) Au point
de vue militaire, les pachas peuvent se vanter, et c'est vrai,

(1) A *Pilgrimage to Nejd.*

que depuis vingt ans aucun pays n'a marché d'une manière plus rapide dans les voies de la civilisation. *La puissance des tribus nomades est fort déchue, sinon détruite.* On conçoit que dans vingt autres années, si l'on va du même pas, les Anézés auront disparu du désert de Syrie ; les Chammars de la Mésopotamie auront été *forcés* à la vie sédentaire. *Le jour où la partie alluviale de la vallée de l'Euphrate aura (1) été rendue à l'agriculture et l'accès de la vallée interdit en été, les vrais nomades regagneront le Nedjed, d'où ils sont venus, ou abandonneront leur vie errante.* Les Turcs optimistes sont excusables de penser ainsi. »

Le mot d'« optimistes » vient de ceci, que M. Blunt, tout en pensant la même chose que les Turcs, ne croit pas que l'empire ottoman dure encore les vingt ans nécessaires. (La Turquie vous enterrera, *my dear !*) M. Blunt n'*espère* pas non plus, il nous le déclare (ce n'était pas la peine !), que la Porte en ait pour si longtemps ! Mais il pourra venir quelqu'un qui la remplace avantageusement. Qui? Voilà le secret de l'avenir. Le secret de M. Blunt, je le connais bien : Qui? l'Angleterre ! En avant ! *Old England ! hip ! hip !*

En effet, le livre (paradoxal, je le répète) ne paraît écrit qu'avec une seule idée : celle d'empêcher tout Européen de penser à se jeter vers la Mésopotamie pour le plus grand profit de l'Angleterre, quand celle-ci trouvera l'occasion favorable.

C'est le moment de rappeler la phrase insinuée par le digne M. Blunt : « Qui sait si quelque nouvelle puissance ne se montrera pas dans le désert? » Si l'Angleterre peut mettre un jour le grappin sur la vallée de l'Euphrate et du Tigre, sur ce que M. Cameron appelle insolemment, mais franchement : *Our future high-way* — *Notre* futur chemin des Indes par en haut — ce jour-là, les choses auront changé comme par enchantement. Dès lors, l'immigration européenne (lisez : britannique) se précipitera vers ces contrées. Il se trouvera que le sol

(1) Méditons un peu sur cet « aura ». C'est le futur et non le conditionnel. Cela détruit complètement les assertions antérieures de **M. Blunt** sur l'épuisement du sol, et les conséquences qu'il tire de ces assertions.

n'était pas épuisé par les anciens. On aura sous la main des nations serviles pour faire des travaux dignes de l'antique Babylone. Plus de salpêtre ! Comment diable avait-on vu tant de salpêtre que cela ? Ce jour-là, les Bédouins chers au cœur de Mme Blunt seront devenus les affreux gredins que chacun sait, des misérables qu'on expulsera sans retard au nom des *idées européennes*. Et voilà justement comme on écrit l'histoire !

Parallèlement aux sauvages divagations de M. et Mme Blunt, nous dirons quelques mots du livre de M. Cameron. Ce livre est plus récent que celui des époux précités. Aussi voit-on facilement que la comédie n'en est plus au même acte. Enivrés de la possession de Chypre, croyant peut-être faire bientôt un pas de plus en avant, nos bons voisins ont levé le masque, du moins en partie. Il est question, dans le nouveau livre, des divers chemins de fer qu'on pourrait établir pour relier l'Europe aux Indes *par en haut*, comme dit l'auteur, par opposition aux voies d'en bas, Suez et le Cap. M. Cameron en indique dix, donnant ses appréciations, qui doivent passer pour les appréciations d'une bonne partie de la nation à l'époque où parut l'ouvrage. Les choses se sont modifiées depuis. C'est encore un nouvel acte de la pièce, qui tourne peut-être à la tragédie...

Voici la liste des projets :

1. Projet russe, ayant une extrémité dans l'Inde, l'autre sur la Baltique, en passant par Orembourg, projet défendu par M. de Lesseps.

2. *Via* Constantinople, Diarbékir, Mossoul, Bagdad, jusqu'au golfe Persique.

3. De Skandéroun, par Alep et la vallée de l'Euphrate, à Kouéït dans le golfe Persique. (C'est le projet *militaire* dont nous avons parlé, chap. I ; voir la note de la fin de l'article).

4. De Tripoli, *via* Palmyre, à Bagdad ou Kouéït.

5. De Tyr à Kouéït ou Bassora.

6. De Sidon à Damas, puis à Bagdad ou Kouéït.

7. D'El-Avish (vers Jaffa, Palestine) à Kouéït ou Bassora, projet direct.

8. Une ligne ayant Séleucie (Souéïdiéh) comme port d'em-

barquement, gagnant Alep, et pouvant suivre, après, diverses directions.

9. Une ligne qui, d'Alep, irait, par Mossoul, vers Téhéran, Hérat, Kaboul, et, par le passage de Khyber, vers Attock.

10. Une ligne partant de Tripoli pour desservir Homs, Hamah, Nuarat, Idlib, puis Alep, Orfa, Mardin, Nisibin, Mossoul ; de là, par la vallée du Tigre, Bagdad, puis Bushire, et dans l'avenir, Kurrachee (*alias* Karatchi, bouches du Sindh), par le Laristan et le Béloutchistan.

Voyons maintenant les appréciations de M. Cameron, en suivant les numéros de la liste.

Premier projet. « Notre plus grand danger, s'il existe, serait une entente entre la Russie et la Perse, prenant la Caspienne comme base d'opération sur le flanc de notre communication avec l'Inde par le golfe Persique. » Vous avez entendu le cri du cœur : « Notre plus grand danger ! » — le « s'il existe » qui suit n'en est qu'un faible palliatif. Cette restriction n'enlève pas grand'chose au danger, bien réel pour l'Angleterre, du projet en question, danger sur lequel il est inutile d'insister, tant il est évident, surtout aujourd'hui.

Le projet n° 2 est « mauvais », dit M. Cameron ; et, comme raison, il mentionne qu'on l'a repris et laissé quelque douze fois. Cela peut tenir à plusieurs causes, peut-être moins techniques que politiques. C'est qu'en effet ce projet serait presque aussi désagréable à l'Angleterre que le premier. Ecoutons M. E. Reclus : « C'est à Constantinople que doit passer la grande voie (ferrée) diagonale unissant l'Europe et les Indes. Mais, quoi qu'il en semble au premier abord, les Anglais, possesseurs de l'Hindoustan, n'ont aucun intérêt à construire cette ligne directe, commandée par les batteries d'un détroit qui n'est pas en leur pouvoir. L'ouverture de cette voie aurait pour conséquence immédiate de donner aux nations de l'*Europe centrale* une avance sur eux pour le commerce avec l'Orient. Maîtresse des chemins de la mer, la Grande-Bretagne aurait eu avantage à n'avoir d'autre route que celle du cap de Bonne-Espérance. Elle s'est opposée à l'ouverture du canal de Suez, parce qu'elle ne devait pas être *seule* à s'en servir (voir la *note* de la fin de l'article). De même, elle *découragera* toute entreprise pour la construction d'un chemin de fer de Constantinople à Bagdad. La ligne qu'elle favorise d'avance est celle qui partira d'un port de la Méditerranée situé en face de Chypre et qui aboutira au golfe Persique, mer fermée, où commandent ses flottes (1). Elle demande aussi que le tracé soit séparé des plateaux arméniens par le cours de l'Euphrate ; car la prépondérance militaire des possesseurs du Caucase et de l'Anti-Caucase est trop bien établie pour que les Osmanlis, même aidés des Anglais, puissent désormais tenter de barrer la route aux Russes, s'il plaisait à ceux-ci d'ajouter à leur domaine le Taurus et l'Anti-Taurus. »

Cette appréciation si nette et si magistrale des rapports anglo-turco-russes dans l'Asie antérieure nous permettra de juger les chances des autres projets énumérés par M. Cameron. Remarquons, toutefois, que le moment paraît mal choisi pour parler d'une alliance entre la Porte et la Grande-Bretagne (2).

Le projet n° 3, dit notre auteur, se recommande par le *court trajet ;* mais il suit des « rives incultes. » Il est certain, nous l'avons montré plus haut, qu'industriellement parlant, un chemin de fer serait impuissant dans une pareille région. Et pourtant, comme l'avance M. Reclus, c'est le tracé logique, imposé. Qu'est-ce que cela prouve, sinon que la solution par voie ferrée est insuffisante, incomplète, bâtarde ? Vouloir résoudre le problème de la communication indo-européenne par les déserts de Syrie, sans résoudre en même temps celui de la transformation agricole du pays, c'est une chimère. Voilà pourquoi tous les projets par terre sont impraticables ou boiteux.

Si le numéro 3 parcourt des contrées incultes, que dire du numéro 4 ?

Le numéro 5 est mis en avant par le capitaine Burton. M. Cameron lui reproche avec raison la difficulté de la traversée de la vallée du Jourdain.

Il reproche au numéro 6 de passer dans une région trop

(1) Ceci nous paraît un peu trop exclusif.
(2) Cette remarque était faite en 1884.

montagneuse. Sans compter qu'une fois cette région franchie, on retombe dans le défaut du numéro 4, les terres incultes : terres incultes maintenant, et qui — celles-là — le furent toujours, à toute époque, dans l'antiquité la plus reculée comme aujourd'hui.

N° 7. Même reproche de solitude.

N° 8. M. Cameron fait remarquer que la rade de Souéïdiéh est ensablée. Sans doute ; mais on peut et doit la draguer, car c'est certainement le meilleur port de la côte syrienne. M. Cameron fait remarquer encore que le tracé n° 8 ne serait pas bon, car « il traverserait dix-sept fois l'Oronte sur une longueur de 21 milles » anglais. Cette objection-là, très juste, ne saurait être rétorquée. Elle n'existerait pas avec un canal qui suivrait à peu près, pendant les 40 premiers kilomètres, le lit actuel du fleuve Oronte, pour gagner ensuite l'Amk (la Plaine), par le thalweg du Kara-Sou.

Le projet n° 9 pourrait servir de *suite* au numéro 8 comme au numéro 10, en supprimant la première partie de celui-ci. Passons donc immédiatement au numéro 10. M. Cameron ne cache pas ses sympathies pour ce projet-là. De fait, au point de vue technique, c'est certainement le chemin de fer le mieux tracé. Mais, comme l'a très bien dit M. Derôme (voir plus haut), « il s'écoulerait de longues années avant qu'il pût devenir une affaire financière susceptible de tenter les capitaux européens ». Ce n'est pas non plus une *affaire* militaire capable de tenter les Anglais véritablement politiques : *il faut* « que le tracé soit séparé des plateaux arméniens par le cours de l'Euphrate », surtout depuis les événements du commencement de l'année 1885. Soyons donc tranquilles : le projet n° 10, bien qu'amoureusement développé par M. Cameron, n'est pas près de sortir des cartons ; et nous aurions le temps de construire le canal indo-européen avant que messieurs les Anglais essayassent de « tirer les premiers ».

N'abandonnons pas M. Cameron sans avoir recueilli de sa bouche un précieux aveu, peut-être regretté maintenant, et qui contraste singulièrement avec les assertions babyloniennes de M. Blunt (et sans doute aussi de madame) sur la difficulté —

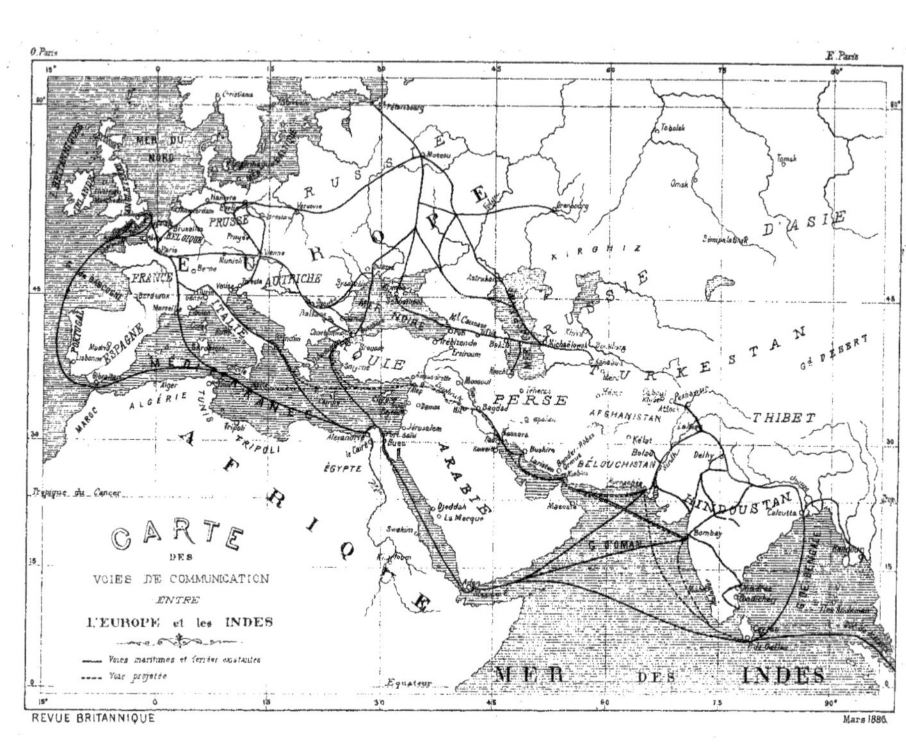

O. Paris
E. Paris
MER DU NORD
CHRISTIANIA
PÉTERSBOURG
RUSSIE
EUROPE
D'ASIE
PRUSSE
BELGIQUE
FRANCE
ESPAGNE
PORTUGAL
Lisbonne
AUTRICHE
ITALIE
MER NOIRE
MÉDITERRANÉE
ALGÉRIE
TUNIS
TRIPOLI
MAROC
Alger
AFRIQUE
ÉGYPTE
le Caire
Alexandrie
Suez
Jérusalem
ARABIE
Djeddah
La Mecque
Swakim
KIRGHIZ
RUSSIE
TURKESTAN
Gd. DÉSERT
MER CASPIENNE
PERSE
Téhéran
Bagdad
AFGHANISTAN
THIBET
Kélat
BÉLOUCHISTAN
Delhy
HINDOUSTAN
Calcutta
Bombay
G. D'OMAN
Mascate
Madras
Bushire
Tobolsk
Tomsk
Omsk
CARTE
DES
VOIES DE COMMUNICATION
ENTRE
L'EUROPE et les INDES
Voies maritimes et ferrées existantes
Voie projetée
Tropique du Cancer
Équateur
MER DES INDES

que dis-je ? sur l'absolue impossibilité de rétablir des arrose-
ments sur un sol recouvert de salpêtre et ruiné pour jamais :

« L'irrigation des terres mésopotamiques ne serait point
aussi coûteuse que celle de l'Inde, pourtant accomplie. Quelques turbines, mues par le courant, suffiraient pour élever
l'eau (des fleuves) à la hauteur voulue ; on la distribuerait, *à
quelque distance que ce fût*, au moyen de tuyaux en fonte,
qui valent le même prix, ou à peu près, que la fonte en
gueuses. »

Quand je vous disais, ô monsieur Blunt, que les modernes,
sans nations serviles à la rescousse, pourraient parfaitement
faire refleurir le « système babylonien » ! Croyez-moi, plus
d'un Etat (y compris la perfide Albion) ne demanderait pas
mieux, le cas échéant, que de fournir à la dépense ; sans même
être arrêté par ce fameux salpêtre qui me paraît faire votre
cauchemar. (Puisse au moins Mme Blunt en être délivrée !)

La conclusion de ce long chapitre, c'est que, si la Syrie septentrionale, si la grande vallée de l'Euphrate et du Tigre ont
été délaissées de l'Europe pendant des siècles, et comme ou-
bliées de nous, maintenant au contraire ces régions semblent
devenir l'objet de la préoccupation générale, surtout chez les
voisins : Turcs, Russes, Anglais. L'Angleterre entre autres s'y
intéresse avec une passion qui peut faire bien augurer de leur
grandeur future. Le nombre seul des projets de chemins de
fer que nous avons passés en revue prouve de quelle importance serait le rétablissement du vieux courant d'affaires indo-
européen.

On croirait déjà que du côté méditerranéen comme du côté
persique les communications actuelles cherchent à se rencon-
trer l'une l'autre, comme deux mains tendues pour s'étreindre.
Nos messageries poussent une pointe vers les plages de Skandéroun et de Latakièh, depuis trop longtemps classées parmi
les escales négligées ; d'autre part, il existe deux lignes de vapeurs s'avançant au loin dans les terres mésopotamiques, jusqu'à Bassorah et Bagdad. Qu'il me soit permis, avec une pa-
triotique émotion, de citer d'abord la dernière venue de ces
lignes, la française, celle qu'entretient la Société des steamers

de l'Ouest, et qui marche depuis le commencement de l'année 1882, grâce aux efforts persévérants de M. D. de Rivoyre. « Le *service régulier* des paquebots, dit ce vaillant homme, promène désormais, à côté du drapeau de l'Angleterre, le drapeau français dans des mers et des régions où auparavant il ne se voyait jamais, en même temps qu'une société commerciale (celle des Factoreries françaises) y a jeté les bases d'une entreprise permanente, non moins au bénéfice de notre influence que de nos marchés nationaux... » La seconde ligne est celle des bateaux-poste subventionnés par le gouvernement des Indes ; elle est double : de Bombay et Kurrachee à Bassorah, le service est fait par la puissante Compagnie anglaise de navigation à vapeur de l'Inde (British India steam navigation Company) ; de Bassorah à Kornah et Bagdad, par la Compagnie de navigation à vapeur de l'Euphrate (?) et du Tigre (Euphrates and Tigris steam navigation Company) (1).

Un jour viendra, qui peut-être n'est pas éloigné de nous, où les deux amorces seront jointes entre elles à travers le continent asiatique. Ce jour-là, nul ne dira plus ce qu'un naturaliste disait dernièrement avec regret : « La contrée de l'Euphrate nourrit assez d'arbres à coton pour vêtir ses deux voisines, la Turquie et la Russie ; mais, faute de transports, ce végétal (et plus d'un autre) pourrit sur place, dans les champs, sans rien donner que du fumier ! »

V

DE LA RENAISSANCE DES VUES MÉSOPOTAMIQUES.

Plus d'un lecteur, sans doute, aura remarqué qu'il est toujours question des Anglais dans cette notice ; plus d'un peut-être s'est déjà dit : « En somme, si le commerce reprend jamais la voie de l'Euphrate, c'est aux Anglais qu'on le devra ! »

Je n'ai pas la prétention d'être le Christophe Colomb de cette vieille Amérique, bien que l'idée d'un canal fluvialo-maritime

____

(1) En dépit de ce titre pompeux, les navires de la Compagnie ne quittent pas le Tigre inférieur : Bassorah, Bagdad, telles sont les limites extrêmes de leur parcours.

soit nouvelle, j'ose le proclamer; mais si ce n'est pas pour moi que je revendique la pensée de faire renaître le grand courant commercial par la vallée de l'Euphrate, je la revendique du moins pour mon pays.

Il faut le dire et le redire : la pensée première n'est pas britannique ; elle est française. Elle remonte déjà haut ; elle date d'une époque où les Anglais ne s'occupaient pas plus de la vallée du grand fleuve que si jamais elle n'avait existé. Vous êtes impatient, ô lecteur bénévole, que je vous nomme l'auteur ? — Eh bien, sachez-le donc : c'est le général en chef de l'armée d'Egypte, Napoléon Bonaparte.

Le *Récit de Fatalla*, publié par M. de Lamartine en 1835, communication du maître aujourd'hui presque oubliée, et que jadis on traita par derrière de *hâblerie*, tant les choses qu'on y trouve paraissaient invraisemblables, le *Récit de Fatalla*, dis-je, qu'on reconnaît maintenant digne de la plus grande créance, montre que le général Bonaparte avait nourri le dessein le plus hardi qui se puisse imaginer : dans l'espoir de ruiner par là l'Angleterre, il avait projeté d'aller dans l'Inde par la vallée de l'Euphrate, en entraînant le monde arabe derrière lui ; l'empereur même, préoccupé de si nombreuses et si nouvelles entreprises, n'oublia pas l'idée du général, idée qu'il poursuivit et caressa jusqu'en 1812, c'est-à-dire jusqu'à l'année des désastres de Russie.

Cet homme aux conceptions extraordinaires avait jugé que la « question d'Orient » serait la question du siècle ; il l'avait compris avant même que le mot ne fût inventé (car la chose est plus vieille que le mot). Bonaparte était extrême en tout, malgré sa froideur apparente. Afin de s'attacher les populations arabes, il avait affecté quelque temps de partager les croyances musulmanes ; il allait à la mosquée, « comédiante ! » lançait des proclamations en style oriental, remplies de citations du Coran, et se faisait appeler le *Sultan de feu*. C'est donc pendant son séjour en Egypte qu'il avait formé le projet d'ouvrir une route nouvelle vers les Indes ; les hasards de sa destinée ne lui permirent pas de le réaliser : il n'y renonçait pas pourtant.

Quand il quitta l'Orient, il y laissa l'un de ses officiers, un Sarde nommé Lascaris, dévoué jusqu'au fanatisme à son ancien général, et, pour lui, prêt à tous les sacrifices. Lascaris se fit Bédouin dans les déserts de Syrie, prit le nom d'Ibrahim, et se mit à voyager afin d'étudier de près les Arabes, de nouer avec eux des intelligences, et d'en faire des alliés éventuels de la France. Napoléon fournissait aux dépenses de cette enquête et de cette intrigue.

Il avait jeté les yeux sur les Bédouins pour les opposer aux Turcs, dont les Anglais commençaient dès lors à se faire les protecteurs ardents, trop ardents pour être désintéressés, l'avenir devait le prouver. Aujourd'hui les rôles sont intervertis : les Anglais n'ayant plus besoin des Ottomans (1), les ont abandonnés, que dis-je ? leur ont donné le coup de pied obligatoire, quoique non gratuit ; et ce sont, au contraire, les Français, amis séculaires, amis de l'époque de Soliman le Magnifique, et défenseurs récents de la Porte pendant la guerre de Crimée, qui paraissent devoir être encore ses derniers fidèles à l'heure qu'il est.

Bonaparte savait bien que ce n'étaient pas des artilleurs turcs qui pointaient les pièces anglaises de Saint-Jean-d'Acre. Il avait cherché quel peuple il pourrait opposer aux Turcs dans ses projets d'extrême Orient, puisque les Turcs marchaient avec les Anglais. Les Arabes du Hamad étaient tout indiqués, et c'est vers eux que se porta Lascaris. Voici les divers points que portaient les instructions d'Ibrahim, d'après le récit de son serviteur ou plutôt de son ami Fatalla :

Gagner Alep, y séjourner pour se perfectionner dans la langue arabe ;

Aller à Palmyre ;

Pénétrer parmi les Bédouins ;

En connaître les principaux chefs et capter leur amitié ;

Les réunir tous dans une même cause ; leur faire rompre tout pacte chez les Osmanlis ;

Reconnaître complètement le désert, les haltes, les en-

(1) Ces mots étaient écrits en 1883.

droits où l'on trouve de l'eau, *jusqu'aux frontières de l'Inde ;*
Revenir en Europe.

Malgré les difficultés d'un tel programme, surtout en ce qui
concerne la *réunion* des groupes d'Arabes du Hamad, Lascaris
le remplit sur tous les points, sauf le dernier. L'explorateur
infatigable, le diplomate de la tente, mourut en Egypte quelque
temps après la chute de Napoléon. Sous prétexte que Lascaris
était arrivé muni d'un passeport anglais, le consul britannique,
un M. Salt, s'empara de ses effets. En vain le fidèle Fatalla,
qui fit le voyage d'Alep au Caire dans l'espoir de retrouver son
patron, réclama les *papiers de Lascaris ;* il savait qu'ils étaient
de la plus grande importance. Sans doute que le consul était
du même avis ; car, après avoir menacé Fatalla de la prison,
il expédia lesdits papiers à Londres, où les Anglais ont pu les
consulter à leur aise : c'est là qu'ils ont trouvé l'idée première de refaire la voie de communication de la vallée de
l'Euphrate.

Cette idée est, en effet, développée expressément dans le
Récit de Fatalla, qui n'est qu'un pâle reflet des notes de Lascaris. Un jour, un cheik arabe ayant voulu connaître le secret
d'Ibrahim avant de jurer amitié, celui-ci lui dit « que notre
intention était de frayer un passage, *des côtes de la Syrie aux
frontières de l'Inde,* à une armée de 100 000 hommes, sous
la conduite d'un puissant conquérant, qui voulait affranchir les
Bédouins du joug des Turcs, leur rendre la souveraineté sur
tout le pays et leur ouvrir les trésors de l'Inde. Il assura qu'il
n'y avait rien à perdre, mais tout à gagner dans l'exécution de
ce projet, dont le succès dépendait de l'ensemble des forces
et de l'harmonie des volontés. Il promit que les chameaux
seraient payés un très haut prix pour les transports d'ap-
provisionnement de cette grande armée, et *fit envisager au
cheik le commerce de ces vastes contrées comme devant
être, pour les Bédouins, une source d'inépuisables richesses.* » On le voit, si le commencement de la citation peut
faire croire à des projets exclusivement guerriers, c'est que
tout, sous la main de Napoléon, prenait une forme militaire
qui souvent n'était pas le but — mais le moyen ; là, comme dans

le blocus continental, le but, c'était l'industrie et le commerce (la fin de la phrase le prouve). Il ne s'agissait de rien moins que de rétablir la vieille route des caravanes, de recréer le courant commercial indo-européen au profit de la France redevenue prépondérante dans la presqu'île du Gange, comme elle l'avait été cinquante ans auparavant. Mais, pour ce faire, la première chose était de détruire la puissance anglaise dans l'extrême Orient, avec cette armée de 100 000 hommes que devait conduire un grand conquérant. La question guerrière s'imposait comme préliminaire de la question mercantile. Que Napoléon fût ou non dans l'erreur en comptant sur les Bédouins pour faire la police du désert, là n'est pas le débat; ce qui n'est pas douteux, c'est qu'il est le « promoteur » de l'idée de l'Euphrate, et que cette idée était industrielle, pour lui comme pour nous.

Chesney ne fit que reprendre quinze ans plus tard les investigations de Lascaris, en restreignant même le projet napoléonien à celui d'une simple communication postale, pour la fameuse « malle des Indes ».

Je ne veux pas rabaisser le mérite de Chesney, qui fut un homme remarquable. Je veux seulement le réduire à sa juste valeur, et rendre à qui de droit la gloire d'être un initiateur. Chesney ne fut pas un initiateur ; ce fut un continuateur, n'en déplaise à l'amour-propre britannique !

Vers 1829, le capitaine Chesney parcourait la Mésopotamie et le désert de Syrie, cherchant comment on pourrait établir un service de dépêches entre le golfe Persique et la Méditerranée. En 1833, ayant descendu l'Euphrate depuis Bir jusqu'à Kornah sur un de ces radeaux primitifs dont se servent les riverains du fleuve, l'idée lui vint (et ce n'est pas un faible mérite !) que l'Euphrate était peut-être plus navigable qu'on ne l'avait cru jusqu'alors. Il pensa qu'on pourrait s'y risquer sur de petits bateaux à vapeur portant la « malle » et quelques voyageurs, et revint en Angleterre pour développer ses projets. Il sut faire partager sa confiance à des personnages influents ; et l'amirauté reçut du gouvernement l'ordre de préparer une expédition qui serait commandée par le capitaine Chesney.

Cette expédition, forte de deux petits steamers métalliques, qu'on emportait démontés, était chargée d'explorer l'Euphrate, avec le but d'établir un service de bateaux à vapeur entre le golfe Persique et *le point du fleuve le plus rapproché de la Méditerranée*, point que Chesney plaçait à Bir. De Bir à Souéïdiéh, que l'explorateur regardait comme devant être le port d'arrivée des vaisseaux de la Méditerranée, le parcours serait effectué *par chameaux*. Avec cet aplomb singulier, qui n'abandonne jamais les Anglais, et qui fait la moitié de leur puissance, Chesney donnait dès lors à Bir, point terminus, le nom de Port-William, à Souéïdiéh celui d'Amalia-Depot.

Les steamers de l'expédition ayant été remontés de toutes pièces à Bir, le capitaine descendit le fleuve et le sonda minutieusement. C'est le côté vraiment pratique de la mission de l'Euphrate. Chesney perdit un de ses bateaux dans un orage dont on a fait un épouvantail, dont on a conclu très faussement que la vallée de l'Euphrate avait *toujours* été visitée par des bourrasques, et cela fréquemment. Aucun des auteurs anciens ne fait mention de rien de pareil, si ce n'est Ammien Marcellin (1), qui vit un de ces orages, mais qui ne dit pas le moins du monde que la chose fût habituelle. Fatalla, qui parcourut en tous sens le désert de Syrie pendant tant d'années, raconte qu'il fut témoin d'une surprise du simoun, d'une seule; encore était-ce tout à fait dans le sud du Hamad, dans la partie qui confine à l'Arabie centrale. La façon dont il parle montre qu'il n'avait aucune idée du simoun; il faut que le fléau soit bien rare dans ces contrées, puisqu'il ne le connaissait *même pas par ouï-dire :* « Nous sortîmes pour aller seller nos dromadaires, qu'à *notre grand étonnement* nous trouvâmes la tête enterrée dans le sable, d'où il nous fut impossible de les faire sortir. Nous appelâmes à notre aide les Bédouins de la tribu, qui nous *apprirent* que l'instinct des chameaux les portait à se cacher ainsi pour éviter le simoun, que c'était un présage de ce terrible vent du désert... Lorsque nous *apprîmes* de quoi nous étions menacés, nous partageâmes la terreur gé-

(1) XXIV, 1.

nérale, et nous hâtâmes de prendre toutes les précautions *qu'on nous indiqua...* »

C'est donc une chose évidente, d'après le *Récit de Fatalla*, que les ouragans sont rares dans la vallée de l'Euphrate, et que Chesney joua de malheur en devenant la victime d'une catastrophe.

Avec le bateau qui lui restait, le capitaine gagna Kornah, puis le golfe Persique. Un fait dès lors restait acquis, c'est qu'un vapeur, tirant peu d'eau, pouvait *dans l'état actuel du fleuve* descendre de Bir à la mer. Il y avait pourtant deux difficultés à surmonter pour rendre la circulation de l'Euphrate réellement commode, c'étaient :

Le banc de rochers de Kerbéleh ou Kérabla (gué du Chameau), près d'Anah, — le bateau fut près de deux heures à franchir cette barrière, soit naturelle, soit due à quelque ancien barrage ;

Les marais de Lemloun, entre Féloudjah et Kornah, près des ruines de Babylone.

Chesney proposait, pour tourner la première difficulté, de créer une double ligne de vapeurs, dont le point de rencontre fût précisément le rocher de Kerbéleh : vapeurs du haut fleuve et vapeurs du fleuve moyen auraient opéré là des transbordements coûteux et gênants. Le commandant admettait une solution analogue pour les marais de Lemloun : un bateau spécial aurait fait passer la partie marécageuse.

« Pour que la navigation de l'Euphrate puisse se faire régulièrement et sans interruption, il faudrait entretenir trois bateaux à vapeur : l'un stationnerait au-dessous de la partie marécageuse, l'autre serait destiné à passer les marais mêmes, et le troisième ferait son service dans la station supérieure ou septentrionale. » (Rapport de W. Ainsworth.)

Donc, si nous comptons bien, avec ce système, un ballot parti de Bombay ne subirait pas moins de *cinq transbordements successifs* avant d'être à bord du vaisseau qui le porterait de Souëïdieh en Angleterre :

1. En arrivant aux marais ;

2. En sortant des marais (ce qu'oubliait Ainsworth);

3. Au banc du Chameau (Kerbéleh);

4. A Bir, pour prendre la route de terre ;

5. A Souéïdiéh, pour reprendre la mer.

Cela sortait des limites du pratique, même pour le simple transport des dépêches imaginé par Chesney dans le principe ; mais, pour le transit commercial — car on parlait maintenant de commerce par cette voie — cela devenait impossible. On comprend donc que le projet soit tombé.

Pour le banc de Kerbéleh, il fallait se décider, coûte que coûte, à le faire sauter ; et, pour les marais de Lemloun, il fallait s'avouer qu'ils ne sont pas transversables. Quelqu'un avait mis en avant l'idée d'y creuser un canal long de 28 kilomètres ; mais ce dessein était lui-même irréalisable, car les marais sont occupés par une population farouche, qui s'y livre à la culture du riz. Serait-il convenable, quand ce serait possible, de ruiner toute une contrée dont cette culture est l'unique revenu? Remarquons qu'il ne s'agit plus ici de tribus errantes et pillardes, sans aucune attache à la terre qu'ils foulent, mais bien d'habitants sédentaires, fixés au sol, de travailleurs vivant du fruit de leur travail, et qu'on n'a pas le droit de chasser... Cette solution n'est pas encore la bonne.

Regardons du côté de l'antique canal de Saklavijah. C'est là qu'est la route. Il faut quitter l'Euphrate à Féloudjah, et passer dans le Tigre, dont les eaux sont très belles. De cette façon, l'on évite les marais et leurs inconvénients. On retrouve l'Euphrate à Kornah.

Comment Chesney ne songea-t-il pas à ce biais? Je ne sais. Peut-être y songea-t-il, quoiqu'on n'en ait aucun indice ; mais alors il recula devant les travaux pour rétablir complètement le vieux canal. Ce qu'il y a certain, c'est que le projet, tel qu'il avait été conçu, resta projet, malgré les observations, d'ailleurs parfaitement justes, des officiers de l'expédition. Nous ne pouvons mieux faire que d'en citer quelques-unes :

« La navigation de l'Euphrate pourra s'exécuter en toute saison de l'année. » (Rapport du lieutenant Cleveland.)

« Toute la navigation entreprise par notre vapeur sur le fleuve Euphrate prouve qu'on s'était créé des difficultés *pure-*

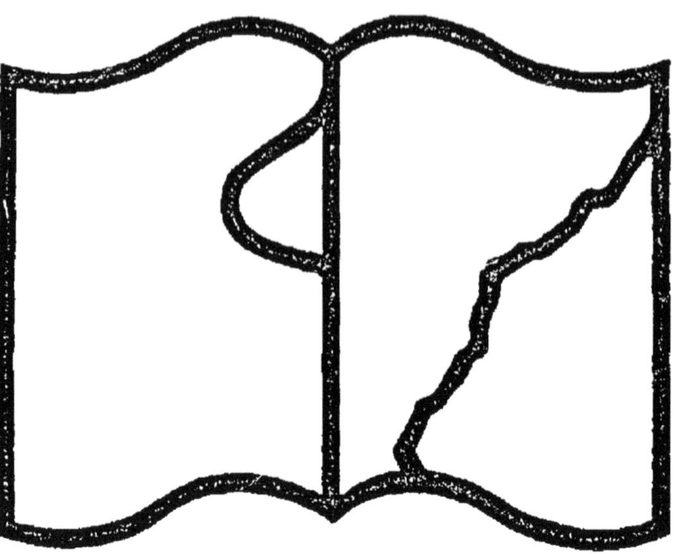

Texte détérioré — reliure défectueuse
NF Z 43-120-11

ment imaginaires, fondées sur l'exagération, des habitudes de brigandage des Bédouins du désert et des tribus du Sindjar. Les Arabes sont incapables de tout *plan d'opération...* C'était un spectacle inattendu de voir les cheiks lutter d'empressement pour rechercher la protection du commandant de l'expédition. Dire que l'on ne saurait mettre aucune confiance dans les tribus les plus influentes du pays, c'est une calomnie de voyageurs ignorants et rancuniers... Toutes les tribus arabes sont animées d'un sentiment de cupidité qu'on pourrait facilement faire tourner au profit du *commerce.* » (Ainsworth.)

« Elles étaient extrêmement portées à trafiquer avec nous pour des étoffes de laine, de coton, des objets de coutellerie, etc. » (Cleveland.)

« Une communication, messieurs, entre Basra (Chot-el-Arab) et Bagdad (1) serait de la plus haute importance pour le commerce. On pourrait établir aussi des relations avantageuses avec d'autres villes, telles que Kornah, Féloudjah, Hillah (l'ancienne Babylone), ainsi qu'avec la tribu puissante des Montéficks. » (Ainsworth.)

Ecoutez la conclusion :

« L'ouverture de la navigation de l'Euphrate (2) touche la civilisation en général, aussi bien que le développement de la *puissance nationale.* (Que peut-on dire de plus fort? Les Anglais sont gens pratiques.) Les eaux de ce grand fleuve baignent les habitations de près de quatre millions d'êtres humains (3) ; et l'intelligence des habitants actuels n'est certainement pas inférieure à celle des Assyriens et des Babyloniens leurs ancêtres. »

Après l'expédition de Chesney, personne ne sembla plus

(1) On eût, en effet, dû créer une ligne *spéciale* de Bagdad ; car le service de bateaux projeté par Chesney suivait constamment l'Euphrate, et par suite laissait Bagdad au loin dans un abandon qu'on aurait certainement regretté. Encore une raison pour ne point passer par Lemloun !

(2) Il ne s'agissait pourtant que de quelques vapeurs petits et mal commodes.

(3) Ceci n'est exact qu'en parlant du cours *total* de l'Euphrate, en amont comme en aval de Bir ; encore faut-il compter les *deux branches* originelles du fleuve, dites *Mourad* et *Kara.*

s'occuper de la Mésopotamie pendant quelque vingt-cinq ans.
Mais cette question est évidemment « dans l'air » de notre
siècle ; car, après la tentative française de Napoléon et la tentative anglaise du temps de Guillaume IV, vient la tentative
ottomane (d'après la guerre de Crimée), dont nous avons dit
quelques mots, et qui s'est traduite par la double promenade
militaire d'Omer-Pacha, gouverneur d'Alep, et de Midhat-
Pacha, gouverneur de Bagdad. Je ne ferai que citer les excursions scientifiques de M. de Moltke, Prussien, et de M. de Tschi-
hatcheff, Russe ; peut-être la science n'était-elle pas l'unique
but de ces excursions.

Aujourd'hui la route de la vallée de l'Euphrate est, on peut
le dire, à celui qui saura la prendre ; nous ne parlons ici que
de projets pacifiques. Elle ███████ ouverte déjà pour les communications *télégraphiques* de l'Inde anglaise avec la métropole :
un fil partant de Bombay, plongé dans le golfe Persique, vient
se rattacher, à Bagdad, au réseau du gouvernement turc ; c'est
la *doublure* de la ligne télégraphique principale, qui gagne,
par le fond de la mer Rouge, les fils européens de la Méditerranée.

C'est une doublure semblable, une d██████ de la ligne maritime passant par la mer Rouge, qu'il est temps d'opérer à
l'heure où nous sommes, tandis que le golfe Persique n'est
pas devenu complètement un *lac anglais*, comme le golfe Arabique entre Suez et Steamer-Point (Aden). Il faut renouer les
relations avec l'extrême Orient par la « coupure de l'Euphrate »,
non pas en faisant circuler quelques bateaux plats dans l'im-
passe de Bir, comme l'avait projeté Chesney, mais en faisant
évoluer à toute vapeur, entre la Méditerranée et le golfe de
Perse, les plus grands vaisseaux de la marine moderne.

Le temps est venu, disons-nous ; ajoutons que le moment
est opportun. Aux embarras de l'Angleterre du côté du Sou-
dan, juste résultat de sa conduite en Egypte, répondent comme
un écho ses embarras du côté des plateaux iraniens. Il est permis de croire que, en un pareil instant, la Grande-Bretagne ne
protesterait pas contre une entreprise comme le canal indo-
européen. Et de quel droit protesterait-elle ?... Il ne s'agit pas

de profiter du moment où nos voisins sont dans une position critique pour leur nuire ; il s'agit de profiter du moment où diverses circonstances les empêcheraient de nous nuire dans un travail utile, généreux et profitable à l'intérêt de tous.

Les Anglais seraient les premiers à se servir d'une voie qui leur apporterait plus d'avantages qu'à nulle autre nation. Plus on va, plus Bombay semble devenir la capitale industrielle des Indes. On s'est avisé, depuis une vingtaine d'années, qu'il y avait moyen d'éviter les frais de transport pour l'aller et le retour de la matière première servant au vêtement de toute la population indienne. Au lieu d'envoyer le coton chercher une main-d'œuvre coûteuse en Angleterre, on a transporté dans l'Inde le seul élément qui manquât à l'appropriation du coton sur place. Les capitaux et les machines de la métropole sont arrivés ; ils ont trouvé, tout à portée, la matière première, le travail bon marché, le charbon. Le débouché de consommation est indéfini. Dans ces conditions, la jeune industrie de Bombay n'a rien à craindre de la concurrence de Manchester ; et nous ne mettons pas en doute qu'en dépit de la suppression des droits de douane, son développement ne contribue avant peu dans une large mesure à la prospérité de la colonie hindoue. Que serait-ce donc, le jour où s'ouvrirait le canal indo-européen ? Bombay (1) deviendrait alors la cité reine, et nulle ville en Orient ne pourrait le disputer avec elle. Souhaiterais-je de voir autre chose, quand je serais le plus Anglais des Anglais ?...

Loin de nous, en effet, la pensée de faire une œuvre partiale qui sente en rien la politique. L'œuvre que nous proposons est uniquement industrielle, agricole et commerciale — c'est-à-dire humaine. Ce qui nous répugne dans les tendances de certains peuples, c'est précisément un esprit d'exclusivisme tel, qu'il semble toujours que le bien-être d'autrui soit pris sur leur propre bien-être.

Pour nous, travailleur obscur, nous ne voudrions qu'une chose : faire accepter une idée qui nous paraît féconde en résultats utiles pour tous, et la conduire à sa complète exécution.

____

(1) Ou sa voisine Karatchi (Kurrachee).

Le poète l'a dit :

> Ce siècle est grand et fort, un noble instinct le mène,
> Partout on voit marcher l'Idée en mission ;
> Et le bruit du travail, plein de parole humaine,
> Se mêle au bruit confus de la création...

Heureux, si nous pouvons mettre notre pierre au vaste édifice de ce siècle, grand et fort au point de vue de l'idée scientifique ! Heureux, si nous l'aidons à marcher dans la voie de sa mission industrielle ! Heureux, si la parole humaine nous rend ce témoignage, que nous avons agi guidé par de nobles instincts et pour rester fidèle au plan admirable de la création !

VI

DES AVANT-PROJETS DU CANAL ET DE L'APPROFONDISSEMENT DES DEUX FLEUVES.

I. Devis descriptif. — *Indications générales. Plan.* — D'après ce qui m'est connu de la topographie du pays compris entre Souéïdiéh et Bélès, je crois possible de faire le canal indo-européen *sans écluses* — et par conséquent *incliné* de Bélès à Souéïdiéh — moyennant une forte tranchée aux points les plus hauts.

Si mes appréciations ne se trouvaient pas exactes (ce qu'il me sera donné, je l'espère, de vérifier par des études ultérieures), ou si l'on voulait faire un canal à très grande section, tel qu'on n'en a pas construit encore, afin de permettre de très grandes vitesses aux propulseurs à vapeur, on devrait alors recourir au système des écluses. Qu'on ne s'effraye pas du mot, réputé pour plus terrible qu'il ne l'est en réalité ! Cette solution serait peut-être ici la plus économique, au point de vue de l'argent comme à celui de la rapidité ; nous avouons cependant notre préférence pour l'autre. Dans le cas particulier qui nous occupe, il suffirait de très peu d'écluses, et sans doute même d'une seule, vers le Goli-Dagh, pour monter sur le plateau d'Alep. Cette écluse unique serait un ascenseur Clark, du genre de celui des Fontenettes, mais en plus puis-

sant. S'il fallait employer plusieurs écluses, toujours serait-ce
en petit nombre. On sait qu'on fait aujourd'hui des *bateaux-
portes* qui fournissent des chutes de 15 mètres, et qu'on les
franchit par une manœuvre de quatorze minutes ! On peut
donc, sans y être forcés, et par la simple considération de la
brièveté du parcours, se voir amenés à choisir un canal avec
écluses, mais à grande section (80 mètres de plan d'eau par
exemple), où les vaisseaux marcheraient à raison de 16 à 18 kilomètres à l'heure, plutôt qu'un canal à section moyenne
(Suez) et sans écluses, où les vaisseaux ne marchent qu'à
8 kilomètres. Ce que je dis là n'est que par hypothèse et parce
qu'il est bon de tout prévoir. Mais dans les descriptions, rai-
sonnements et calculs qui suivent, j'ai tablé sur ces deux
conditions fondamentales : pas d'écluses et section ordinaire.

Le canal indo-européen part de la bourgade de Souéïdiéh, à
l'embouchure de l'Oronte, « la véritable *entrée* de la Syrie »
(Reclus) ; il se termine à Bélès, au coude de l'Euphrate. Bélès
est le point le plus rapproché de la Méditerranée.

Longueur approximative : 273 kilomètres, soit, avec le
double raccordement sur l'Euphrate, 277 kilomètres.

Vis-à-vis Souéïdiéh sera le port d'accès, avec ses deux jetées. Là seront aussi creusés des docks ou bassins destinés
aux navires de divers tonnages, depuis les plus grands vaisseaux jusqu'aux caboteurs.

Le tracé suit d'abord, à peu de chose près, le lit de l'Oronte,
dont la *barre* est au kilomètre 1. Il passe devant les ruines de
Daphné (Bed-el-Mahah) et d'Antioche (kilomètre 36). Là se
trouve un vieux pont, sur la route d'Antioche à Skandéroun.
Il doit être remplacé par un pont tournant, gardé, de 44 mètres d'ouverture.

Au quarantième kilomètre, confluent du Kara-Sou ; le tracé
quitte l'Oronte pour suivre le lit du Kara-Sou (rivière Noire).
Cet affluent vient du lac d'Antioche (Ak-Degniz). Le lac est
situé dans une plaine (Amk, Umk), qu'il occupe en partie. Le
canal, ayant abandonné le Kara-Sou, contourne le lac au sud,
puis rejoint le lit du Goli-Sou, petit cours d'eau qui se jette
dans le lac.

Le canal suit le thalweg du Goli-Sou pendant longtemps, pour passer le plus bas possible la crête du Goli-Dagh ou mont Halaga, chaîne de collines qui sépare la plaine d'Antioche de celle d'Alep. Le tracé passe près des quelques villages de cette région : Goli, Lakarin, Armenas (kilomètre 100). Là, devant Ashat et Mortahan, au coude du Goli-Sou, nous quittons le thalweg, déjà haut, pour franchir la crête et rentrer dans la plaine basse de Ram-Hamdam, aimée des Turcomans pasteurs. Au village d'Ashat passe la route d'Alep (directions d'Antioche et de Damas) : pont tournant.

De Ram-Hamdam, nous gagnons Arbièh, où le sol se relève faiblement. Nous voilà dans la vallée d'Alep, à 12 lieues au sud de la ville (kilomètre 150). Nous suivons le thalweg du Kouëk (ou rivière d'Alep). Nous laissons au sud Kinnesrin, la vieille forteresse ; puis nous quittons le Kouëk, et passons au nord du lac El-Malek, lequel forme le point bas de la plaine ou vallée d'Alep. C'est dans ce lac que se perd le Kouëk.

A gauche, Emghir. Au kilomètre 174 passe la route d'Alep à Palmyre ; pont tournant. A Maluha, franchissant une légère éminence, la colline d'Amri, nous prenons entre les salines de Djéboul — où se perd le Nahar-el-Dahab (kilomètre 220) — et le mont Hasy, qui limite au midi le bassin fermé d'Alep. Il est probable que ces rivières qui se perdent, que ces rivières à bassins fermés étaient autrefois des affluents de l'Euphrate ; la ligne des marais (lac El-Malek, salines de Djéboul) est peut-être le restant d'un ancien lit fluvial qui se repliait vers l'est, à la base d'un chaînon de rochers (djébel Hasy) et rejoignait le grand fleuve dans les environs de Bélès (1). Quoi qu'il en soit, il nous convenait de profiter de cette ligne de marais, qui réunit les points bas de la région.

Du lac Djéboul à Bélès, le pays est très uni, se relevant un peu cependant pour aboutir à ce qu'on appelle les *falaises de Bélès*, 5 kilomètres nord et 5 kilomètres sud de Bélès. Le canal longe une dépression existant entre les falaises, et son débouché sur l'Euphrate se fait dans un terrain d'une pente douce.

(1) M. E. Reclus.

C'est à Bélès qu'il faudrait creuser des bassins pour les navires d'un tonnage moyen ; la nature alluvionnaire du sol s'y prêterait admirablement. Ces bassins seraient pratiqués dans l'encaissement même du fleuve, très large en ce lieu, vers le nord. « Après Bir, a dit le lieutenant Cleveland, Bélès me paraît l'endroit le plus favorable pour le stationnement des navires. » Cette appréciation d'un marin est bonne à noter.

A Bélès, le canal va prendre les eaux d'amont de l'Euphrate par une courbe qui puisse les mener doucement entre ses parois, tandis que le tracé principal se continue en ligne droite par le projet d'approfondissement du fleuve sur l'aval. Il y a là trois directions : de Bir vers Bélès — raccordement par une courbe ; de Bélès vers le golfe Persique — alignement ; de Bir vers le golfe Persique (cours naturel de l'Euphrate) — raccordement par une seconde courbe. Dans le triangle mixtiligne formé par ces trois directions, les vaisseaux, même les plus grands, auront la facilité de virer de bord, condition de la plus haute importance.

A Bélès, au bord du futur canal, passe la route établissant une communication (plus ou moins praticable) entre Alep et le Kourdistan. En ce point devrait donc se faire, dans l'interêt même de l'entreprise, un pont métallique assez long. Mais comme il faudra très probablement établir vers le même point un grand *barrage régulateur*, on pourrait, supprimant le pont, se servir de la plate-forme de couronnement du barrage comme de chaussée ; on prendrait les précautions nécessaires pour que la navigation du haut Euphrate, depuis Bir et Souméïsat, ne fût pas interrompue. Nous ne compterons donc pas de pont à Bélès dans les dépenses de l'avant-projet.

Revenons à Souéïdiéh. Le tracé, comme direction générale, court d'abord du sud-ouest au nord-est, faisant de nombreuses courbes pour suivre le thalweg de l'Oronte. Puis il décrit un grand arc, dont la convexité est tournée au nord, d'Antakièh vers Armenas. Il file ensuite du nord-ouest au sud-est jusque vers Kinnesrin ; enfin, de l'ouest à l'est (presque régulièrement) entre Kinnesrin et Bélès, suivant à peu près le 36° parallèle boréal. Au point de vue du vent, ces diverses directions se trouvent être plus avantageuses que celle du nord au sud, qui s'imposait au canal de Suez.

Il serait fastidieux d'énumérer, comme dans un projet de chemin de fer, les courbes et les alignements dont se compose notre avant-projet. Cela se fera plus tard, s'il y a lieu. Disons seulement qu'il n'y a pas de courbe de rayon inférieur à 2 000 mètres, et qu'on s'est servi des rayons suivants :

$$2\,000,\ 3\,000,\ 4\,000,\ 5\,000,\ 7\,000,\ 10\,000.$$

Le canal est *sans écluses*, d'après ce que nous avons supposé plus haut. Il sera donc forcément à plafond *incliné*. C'est, comme je l'ai déjà dit, un fleuve artificiel, un dédoublement de l'Euphrate entre Bélès et la Méditerranée.

Le lit de l'Euphrate à la crique de Bélès (kilomètre **272**) étant à la cote de **100** mètres environ au-dessus de la mer, et les basses eaux, en ce même point, à la cote **101** (1); la profondeur du canal devant d'ailleurs être de $8^m,50$, nous adoptons la cote $92^m,50$ comme cote de départ, *cote plafond*. Le kilomètre **273-272** resterait en palier.

D'un autre côté, le premier kilomètre (0-1), en mer, avant la barre actuelle de l'Oronte, sera creusé suivant une pente de $0^m,001$ sur toute la longueur, ou du moins dans la partie qui ne sera pas plus profonde que 9 mètres. Au kilomètre 1, nous avons la cote $8^m,50$ *au-dessous* du niveau de la mer, comme plafond.

Du kilomètre 1 au kilomètre 12, nous avons admis que le *fleuve indo-européen* aurait la pente ordinaire de tous les fleuves dans le voisinage de l'embouchure, c'est-à-dire la pente *kilométrique* de 5 centimètres; au kilomètre 12, le plafond se trouvera donc à la cote $7^m,95$ *au-dessous* du niveau de la mer.

Il suit de là que la pente kilométrique moyenne du canal, entre les kilomètres **12** et **272**, sera :

$$\frac{92,50+7,95}{260\ \text{kil.}} = \frac{100,45}{260\ \text{k.}} = 0,38635.$$

(1) Il y a là plusieurs bancs de sable.

Cela signifie, en d'autres termes, que le fleuve artificiel descendrait majestueusement vers la Méditerranée avec une pente comparable à celle de la Loire *en aval d'Orléans*, pente très suffisamment douce. On sait que la Loire serait dans cette partie une excellente voie de navigation, si diverses causes tout à fait étrangères au profil en long de la rivière ne venaient pas nuire à son exploitation commerciale.

La disposition du plafond en pente douce ne peut être que favorable à l'entretien du canal. On a constaté que le fond horizontal du canal de Suez se relève d'environ 10 centimètres par an, à cause de l'agitation due au passage des navires, agitation qui désagrège toujours les berges, et surtout les berges sablonneuses. Sur des *plans inclinés*, comme le sont les rivières, la plus grande partie des matières déposables se rendent aux points les plus bas, vers la mer, où les dragues travaillent sans cesse ; un canal incliné conserverait longtemps son profil en travers primitif. Enfin, bien qu'on dise souvent que la Méditerranée n'a pas de marées, cela n'est pas tout à fait vrai ; l'on peut s'en rendre compte à Port-Saïd : la marée pousse beaucoup de matières engravantes dans le canal, et jusqu'à d'assez grandes distances. Avec un canal incliné, la marée n'aurait pas une action aussi sensible ; le courant fluvial balayerait une portion considérable des apports du courant marin, ou, pour le moins, la rencontre des deux courants *localiserait* les alluvions des deux provenances : et c'est un avantage de n'avoir à draguer qu'en certains points déterminés.

Le parcours de Souéïdiéh à Bélès sera coupé par vingt-deux gares de refuge, longues de 500 mètres ou de 1 kilomètre, et distantes moyennement de 11 kilomètres environ. Ces nombreuses gares permettront le croisement commode et sans danger de deux grands navires, même *à roues*. Réfugié dans l'une des gares, le plus fort navire pourra laisser le passage libre pour un autre, quelque fort qu'il soit lui-même. Des pieux d'amarrage, distribués sur les deux rives du canal, tant au droit qu'en dehors des gares, faciliteront le garage en un point quelconque. Le service télégraphique, installé sur tout le parcours, permettra de connaître à l'avance l'heure et le lieu des croisements, et de donner à temps les ordres nécessaires aux navires qui devront se garer pour ne pas gêner la marche de ceux qui ne pourraient souffrir de retard, comme les navires postaux. Il faudrait avoir des règles parfaitement définies. Les navires descendants, par exemple, devraient céder la place aux montants...

Ayant donné ces quelques détails sur le projet du canal indo-européen, passons maintenant au projet d'approfondissement des deux fleuves et du canal ancien de Saklavijah.

L'origine de ce projet correspond au kilomètre 273 du projet de canal (Bélès). Pendant le long trajet de Bélès à la mer, il nous a semblé, pour éviter certaines boucles par trop accentuées de l'Euphrate et du Tigre, qu'il serait opportun de faire quelques tranchées en canal. Le nombre de ces tranchées serait de 16, et leur longueur totale, de 35 kilomètres.

Nous allons énumérer les points principaux du parcours, signalant en même temps leur distance à l'origine, c'est-à-dire à Bélès.

Kalat-Djaber : kilomètre 54. Endroit propice au stationnement des navires.

Thapsaque ruinée : kilomètre 107.

Rakkah : kilomètre 120. Route de Mardin (Kourdistan) à Damas par Palmyre. Il faut un pont, tournant sur 44 mètres de largeur.

Abou-Saïd : kilomètre 197. Ici le chenal est gêné par des rochers, qu'il serait nécessaire de faire sauter.

El-Deyr : kilomètre 316. Lignite, bon combustible.

Abou-Séraï (Kerkisiéh) : kilomètre 363. Embouchure de la rivière Khabour, qui pourrait donner plus tard comme batellerie. Les bords du Khabour portent encore aujourd'hui de beaux bois de construction.

Werdi : kilomètre 492. Village assez considérable.

Kilomètre 460 : banc du Chameau. Nous en avons parlé plus haut (île Kerbéleh). Travaux importants pour faire sauter le banc.

LE CANAL INDO-EUROPÉEN

DE LA MÉDITERRANÉE AU GOLFE PERSIQUE.

Anah : kilomètre 645. Grande cité dans ces régions, actuellement si dévastées.

Hit : kilomètre 820. C'est la ville du bitume (voir plus loin).

Féloudjah : kilomètre 947. Confluent du vieux canal de Saklavijah (Nahr-Isah). Voici ce que dit M. Reclus : « Hit est une
escale importante pour le commerce de transit entre les deux
fleuves. Mais le *port par excellence* est Féludjah, où vient
aboutir la route la plus courte de Bagdad à l'Euphrate. A
l'ouest du méandre que décrit le fleuve s'étendent les fertiles
plaines de Saklawiyjah, où paissent par milliers des chameaux
et des chevaux arabes, célèbres dans tout l'Orient. Les pâturages de Saklawiyjah se continuent au sud jusqu'aux marais
qui bordent l'Euphrate dans l'ancienne Babylonie (Lemloun).
Le bourg de Mosséïb, sur les deux rives du fleuve, est très
animé comme lieu de passage des deux cent mille pèlerins
qui, chaque année, se rendent de Bagdad à Kerbéla. C'est à
Mosséïb que, d'après les projets de Midhat-Pacha, devrait être
jeté sur l'Euphrate le viaduc de la voie ferrée. » Nous sommes
donc en présence d'un point des plus remarquables. Il y aurait
lieu d'y établir un port (à moins qu'on ne le fasse à Hit). Ce
port serait à plusieurs bassins, pour les grands navires
comme pour ceux d'un tonnage moyen. Ce serait la station
de rechargement pour la houille ou les *agglomérés* (voir au
chapitre VIII).

A partir de Féloudjah, l'on quitte l'Euphrate pour prendre
le canal Nahr-Isah, construit par les anciens, et praticable
encore aujourd'hui pour des steamers de faible tirant d'eau.
Ce canal se termine dans le Khor (Lac), qui forme des sortes
de lagunes s'étendant jusqu'auprès de Bagdad. Pour passer
du Nahr-Isah dans le Tigre vis-à-vis de cette ville capitale
(kil. 1035), il faudrait faire un tronçon de canal de quelques
centaines de mètres. A Bagdad, il y aurait lieu d'établir un
pont tournant, pour la grande route de Perse en Syrie.

Nous voilà dans le Tigre. Au kilomètre 1083, nous rencon-
trons El-Madaïn ou les Deux-Cités, c'est-à-dire Séleucie et
Ctésiphon, en ruine, se regardant à travers le fleuve. Séleucie
(dite *babylonienne*) est sur la rive droite.

Kout-el-Amra : kil. 1278. Route de Perse dans l'Ile, l'ancienne Babylonie, aujourd'hui l'Irak-Araby. Pont tournant.

Kornah : kil. 1652. C'est le confluent où nous retrouvons l'Euphrate. Nous suivons maintenant le Chot-el-Arab.

Bassorah (Basrah, angl.) : kil. 1735. Grande ville qui n'est pas sur le fleuve même ; entrepôt considérable. Les navires de guerre de la marine britannique, de moyen tonnage, remontent jusque-là, malgré la barre du Chot-el-Arab. A Bassorah passe la route de Perse en Arabie (Nedjed) Il faudrait un pont tournant. La pente kilométrique moyenne du fond, entre Bélès et Bassorah, est :

$$\frac{92,50 + 8,50}{1735 \text{ kil.}} = 0,05821.$$

Mohammerah : kil. 1774. Port fort envié des Anglais. Bouches du Chot-el-Arab. Confluent du Karoun, rivière qui deviendrait importante à cause de son parcours en Perse ; « le Karoun est la vraie route commerciale de la Perse, la route de l'avenir » (Rivoyre).

Laissant de côté la branche septentrionale du Chot-el-Arab, nommée Bahamisher, nous nous engageons dans la branche de Fao (kil. 1828), où nous trouvons la *Barre*, au kilomètre 1830. « Le bourg de Fao est l'avant-port de Bassorah, la résidence des pilotes et des employés du sémaphore, du télégraphe sous-marin, des douanes ; le mouvement annuel, à l'entrée, dépasse un demi-million de tonnes. En face, la rive persane de l'estuaire est déserte ; mais plus haut, au confluent du Chot-el-Arab et du canal dérivé du Karoun, la ville moderne de Mohammerah longe la berge septentrionale. *Ce port fluvial de la Perse*, situé dans une région si différente de l'Iran au point de vue géographique, est presque inutile pour les habitants du plateau : et plus d'une fois l'Angleterre a été accusée de vouloir s'en emparer, pour en tirer meilleur profit que ses maîtres (1). »

Fao, c'est l'endroit désigné pour être le Souéïdiéh du golfe Persique. Il faudrait là des docks pour les tonnages moyens,

---

(1) M. E. Reclus.

au moins. A partir de Fao, l'on est en réalité dans le golfe.
Mais il serait utile de prolonger l'approfondissement jusqu'à
40 kilomètres environ de là, soit jusqu'au kilomètre 1870,
pour arriver aux fonds de 10 à 15 mètres, *certain*.

La Barre, en forme de croissant, n'offrant que 3 à 4 mètres
de profondeur à marée basse, les bateaux d'un fort tirant
d'eau sont obligés d'attendre le flux, lequel est de 3 mètres
en moyenne, ou bien de faire rage de vapeur pour fendre de
leur quille le seuil de boue qui défend l'entrée et que recouvre
la couche d'eau de moindre hauteur.

La côte arabe du golfe offre une zone basse, encombrée de
bancs de sable (1) ; mais sur le littoral persan la mer est libre
d'écueils.

Le golfe Persique était plus fréquenté jadis qu'il ne l'est
aujourd'hui. Le port d'Ormuz, placé sur la côte N.-E. de
la petite île circulaire du même nom, est commode et sûr ;
c'est à cela qu'on doit en partie attribuer son ancienne importance.

Bender-Abbas (Gomrou), ville située au nord d'Ormuz, a
pendant quelque temps été l'entrepôt de la Perse. Anglais,
Hollandais et Français y avaient des comptoirs. Des marchands
de tous les pays du globe y affluaient. Bender-Bushir et
Kishim, stations britanniques, sont aujourd'hui deux des principaux points du golfe. Le commerce se développe beaucoup

(1) C'est cependant sur cette côte que se trouve Kowéït : « Le port le
plus animé de la Grande-Baie est Kowéït. Il faut y voir le havre maritime
du bassin de l'Euphrate ; le bourg de Fao, à l'embouchure du fleuve, est
son avant-port. La ville arabe occupe une position analogue à celles d'Alexandrie, de Venise et de Marseille ; comme ces grandes cités, elle est située à
distance du fleuve, dont les riverains lui expédient leurs denrées. Mais la
bouche du Chat-el-Arab étant plus accessible aux navires que celle du Nil,
du Pô, du Rhône, le port latéral qui en dessert le commerce a relativement
moins d'importance. Cependant le mouvement des échanges s'y accroît
d'année en année ; et ce port, qui trafique avec Bombay et la côte de Ma-
labar, est celui que désignent ordinairement les ingénieurs comme le point
terminal du chemin de fer transmaritime de la Méditerranée au golfe Persique. Mais aux yeux des Anglais, il a le grand désavantage de se trouver
à l'ouest du Chat-el-Arab, ce qui l'empêchera d'être choisi comme station
de la ligne future des Indes. » (M. E. **Reclus**.)

dans cette mer depuis plusieurs années ; M. Edwyn Dawes a donné là-dessus d'utiles informations.

Grâce aux consciencieux sondages de l'expédition anglaise, les cotes de fond de l'Euphrate et du Tigre sont assez exactement connues. Il sera donc facile de calculer approximativement le cube des terrassements à faire pour approfondir la nappe des eaux actuelles en vue de la grande navigation.

Profils du canal. Terrassements accessoires. — Les profils en travers adoptés pour les calculs de l'avant-projet du canal sont du type du canal de Panama. Du kilomètre origine au kilomètre 1, en mer, le chenal aura 100 mètres de large, vaste sillon creusé dans l'avant-port.

La barre actuelle de l'Oronte est au kilomètre 1 environ. A partir de ce profil, nous avons les dimensions suivantes : largeur au plafond, 22 mètres ; profondeur d'eau, 8^m,50 (1) ; largeur au plan d'eau, 40 mètres (minimum).

Inclinaison des talus. Jusqu'à 10 mètres au-dessus du plafond, elle est de 45 degrés, quelquefois plus. *Au-dessus*, talus variables : tantôt 1/1 (45 degrés), dans les terres ; tantôt 1/2 et même 1/4 dans le rocher solide.

Par suite de la nature du terrain, qui n'est pas composé de sables mouvants comme à Suez, mais de roches d'une tenue suffisante en talus, les frais d'entretien seraient peu de chose.

Les roches rencontrées sont le grès, les marnes grossières, le calcaire de diverses natures (craie, spilite), la brèche tendre, le gypse — laminaire ou cristallin, etc.

Pour les gares, mêmes profils que pour le canal courant, sauf qu'on a 64 mètres au plafond, comme à Panama.

Dans le projet d'approfondissement des deux fleuves, pour que les navires puissent marcher toujours à grande vitesse, sans danger, on a supposé la largeur de 40 mètres au plafond

---

(1) Cette profondeur est suffisante, comme on le sait, même pour les plus gros cuirassés (type *Suffren*). Ces derniers bâtiments, dont le type commence à disparaître, sont obligés, il est vrai, pour traverser un canal, de se mettre sans différence soit à 8^m,25 de tirant d'eau, de manière à garder le pied-de-pilote sous la quille.

et des talus de plus de 45 degrés, ce qui ferait à peu près 60 mètres au plan d'eau. La sortie, à Fao, du chenal, est prévue à 100 mètres de large, *et cela sur 50 kilomètres de longueur.*

L'avant-port de Souéïdiéh présente la surface d'un triangle ayant sa base (1 400 mètres) vers la terre, avec une hauteur perpendiculaire de 2 000 mètres ; à cette distance on a couramment des fonds de 10 mètres. La hauteur du triangle est représentée par une des jetées futures (direction N.-E. — S.-O.). L'autre jetée se dirigerait obliquement vers la première, et s'arrêterait de manière à laisser entre elles une entrée d'environ 400 mètres. On aurait de la sorte non pas seulement un long chenal, mais une vaste nappe d'eau formant l'éventail, de 140 hectares de superficie, nappe abritée, assurant un mouillage dans une rade couverte, située immédiatement à l'entrée des jetées, c'est-à-dire dans une position très avantageuse. Ce port offrirait une profondeur de 8^m,50, sur toute son étendue.

Trois bassins (quatre par le fait), sur le modèle des bassins de Port-Saïd, seraient creusés aux dimensions suivantes :

Bassin du commerce, n° 1, = 200 mètres sur 200, avec 6 mètres de profondeur.

Bassin du commerce, n° 2, = 150 mètres sur 200, avec la même profondeur.

Grands bassins, = 300 mètres × (400 + 150), avec 8^m,50 de profondeur.

Un avant-port, un port commode, des bassins : tel est le plan de l'organisation maritime de Souéïdiéh.

Les bassins de Bélès et ceux de Fao se réduiraient aux numéros 1 et 2, ou du commerce. Mais à Féloudjah, station de rechargement de combustible, nous retrouvons tous les bassins de Souéïdiéh, avec les mêmes dimensions et les mêmes profondeurs.

Comme nous l'avons dit, le chenal de sortie de Fao présente un grand élargissement sur une très grande longueur.

L'entrée du port sera défendue par une jetée longue de 150 mètres.

Ouvrages d'art. — Comme ouvrages d'art, nous aurions à
considérer les deux jetées de Souéïdiéh et le môle de Fao
— le grand barrage régulateur de l'Euphrate en amont de
Bélès — enfin sept ponts (passages supérieurs) à partie tournante, pour le passage des routes dont nous avons parlé ci-
dessus. Trois de ces ponts seraient pour le canal proprement
dit, quatre pour les fleuves remaniés. Les ponts devraient être
gardés, c'est-à-dire qu'il faut compter, dans la dépense d'installation première, la construction d'un poste de soldats
turcs devant protéger la voie de communication contre les
dégâts des tribus nomades, ou des caravanes de marchands
et de pèlerins. Les ouvrages accessoires de consolidation ou
de défense ne sauraient être prévus ici ; la somme à valoir,
assez large, est là pour répondre des cas imprévus et des
ouvrages supplémentaires dont on aurait à s'occuper plus
tard.

II. Bases d'estimation des ouvrages. — *Terrassements.* —
Dans le pays où serait placé le canal, pays comparable en
tant de points à l'Égypte, on pourrait admettre peut-être les
prix fixés par les ingénieurs du canal de Suez. Néanmoins,
pour les terrassements à sec, vu la différence des terrains
rencontrés (1), il serait évidemment trop faible de prendre
64 centimes par mètre cube. Il n'est pas possible non plus
d'adopter les chiffres de Panama : ces chiffres, très élevés,
sont établis en raison de la cherté de la main-d'œuvre dans
les régions traversées, régions mortelles où les hommes ne
sont attirés qu'à prix d'or ; l'indigène ne veut rien faire, et
l'ouvrier étranger, miné par la fièvre, donne une somme de
travail infime.

Dans les contrées indo-européennes, au climat si sain et si
beau, le terrassier syrien, ayant à sa disposition dès les premiers temps de l'entreprise l'eau puisée à Bélès par un système
de turbines et conduite sur l'axe par des tuyaux en fonte,

(1) Au seuil de Chalouf cependant, on avait du rocher sur 8 ou 10 kilomètres de longueur.

le terrassier syrien fournira des journées longues et bien remplies ; et l'on peut affirmer que si le prix de 64 centimes n'était pas suffisant pour les roches demi-dures rencontrées par le tracé, l'on aurait à coup sûr un prix rémunérateur en prenant 1 fr. 50, soit *plus du double*. Nous nous y arrêterons donc :

Déblai : fouille, charge et mise en place après montage ; — terrassement à sec, le mètre cube : 1 fr. 50.

Pour les terrassements sous l'eau, qui sont tous à faire dans les terrains tendres, c'est-à-dire à la drague, le prix est aujourd'hui bien connu, grâce aux travaux de Suez. Nous admettrons comme moyenne un prix un peu supérieur à celui de ces travaux ; et pourtant, ici, l'on n'a guère que des boues à draguer.

Déblai : fouille, charge et mise en place ; — dragage, le mètre cube : 90 centimes.

Ouvrages d'art. — Nous ferons remarquer qu'on trouvera partout de la pierre de construction excellente, tant aux djébel Akra (Casius) et djébel Mousa (Piérius), pour les jetées de Souéïdiéh, que dans la tranchée même, pour les divers ouvrages d'art. On pourrait aussi faire des blocs factices pour les enrochements des môles. Où l'on ne rencontre pas de pierres, on a de quoi faire des briques.

Le prix de la maçonnerie serait donc minime, car on aurait la chaux également sur place, presque partout. Il est probable qu'en bien des points on pourrait fabriquer de la chaux hydraulique, car on trouve beaucoup de calcaire marneux ; sinon, l'on serait forcé de faire des mélanges afin de rendre la chaux artificiellement hydraulique.

Les bois et fers reviendraient assez cher, à cause des transports. Cependant, flotté jusqu'à Bélès, ou plus loin, le bois ne coûterait guère que l'abatage sur les rives du haut Euphrate. D'après calculs, je crois qu'en comptant, le pont tournant achevé : 500 000 francs, y compris les accessoires et la construction du Kalaat, poste de soldats gardiens du passage, je crois, dis-je, qu'on serait au-dessus de la vérité.

Pour les jetées, tant de Souéïdiéh que de Fao, l'on adopterait le système à pierres perdues, tel qu'il est exécuté dans les plus grands ouvrages de la Méditerranée, Cannes, Valence, Cadix, Gênes, Port-Saïd. Nous compterons sur les dimensions de ce dernier port. Ainsi, la jetée *au vent dominant* présenterait 8 mètres de largeur au sommet pour sa chaussée, située à la hauteur de $1^m,50$ au-dessus des basses mers ; on verrait, en cours de travaux, s'il faudrait ou non mettre un parapet. La jetée sous le vent n'aurait que 6 mètres de largeur de chaussée. Pour que les navires puissent accoster la jetée au vent, pour qu'ils puissent être halés dans toute sa longueur, il faut disposer sur le talus intérieur de la jetée un massif de béton sur 3 mètres de profondeur, comme on l'a fait pour le port de Bastia.

Nous prendrons un prix fort, si nous admettons le prix suivant :

Jetées à blocs perdus, y compris le bétonnage supplémentaire, le mètre de longueur : 2 000 francs.

Pour le grand ouvrage de Bélès, même prix.

Barrage régulateur, le mètre de longueur : 2 000 francs.

Superstructure et matériel. — Nous adopterons comme prix de :

Une turbine de la force de 20 chevaux-vapeur, installée : 25 000 francs.

Les distributions d'eau, si l'on prend le système Chameroy, doivent être cotées au prix suivant, y compris le transport et la façon de la petite tranchée pour les asseoir :

Tuyaux de conduite (diamètre 0,10), tout placés, le kilomètre de longueur : 8 000 francs.

[Mais on peut prendre aussi, du moins pour une grande proportion, des tuyaux en fonte grossière, qui ne reviendraient pas même à moitié de dépense.]

Nous porterons par comparaison ces chiffres :

Un phare, avec l'appareil lenticulaire, tout installé : 150 000 francs.

Un pharillon, tout installé : 20 000 francs.

Télégraphe (le kilomètre), fonctionnant : 800 francs. (**Prix fort.**)

Il faut parler ici de la mise en culture des terrains voisins des travaux. Ces terrains, au moins ceux qui ne sont pas cultivés, seraient certainement concédés par le gouvernement turc aux concessionnaires de l'entreprise indo-européenne. Par le fait même de cette entreprise, les terres riveraines prendraient immédiatement de la valeur; pendant la période des travaux, dès la troisième année, elles donneraient un revenu qu'on peut estimer en moyenne à 250 francs par hectare. (Mémoires du canal de Suez.) Mais il serait nécessaire de les mettre en culture, et d'après les expériences de Suez on doit compter sur le prix suivant :

Mise en culture des terres, l'hectare : 500 francs.

Telle est la dépense à faire lorsqu'on veut établir un système agricole soigné, qui soit en rapport avec nos idées occidentales sur l'exploitation industrielle du sol.

III. ESTIMATION SOMMAIRE DES OUVRAGES, D'APRÈS L'AVANT-MÉTRÉ.

Terrassements. — L'avant-métré, largement fait, donne les chiffres suivants:

Avant-port de Souéïdiéh, bassins, canal....................	496 801 697^{mc}
Approfondissement des fleuves, ports de Bélès, Féloudjah et Fao, sortie (50 kilomètres) sur le golfe Persique...........	287 638 000
Déblai total......................	784 439 697^{mc}

Sur lesquels :

	Quantités.	Prix de l'unité.		Dépenses.
Terrassements à sec, mètres cubes....................	488 261 297	1 fr. 50		732 391 946 fr.
Dragages, mètres cubes........	296 178 400	» 90		266 560 560
Ouvrages d'art.				
Jetées de Souéidiéh, mètres de longueur....................	3 700	2 000	00	7 400 000
Môle de Fao, mètres de longueur.	150	2 000	00	300 000
Barrage régulateur, mètres de longueur....................	1 000	2 000	00	2 000 000
Ponts tournants, nombre......	7	500 000	00	3 500 000
Superstructure et matériel.				
Turbines d'élévation d'eau, nombre	100	25 000	00	2 500 000
Tuyaux de distribution (largement comptés), kilomètres de longueur....................	2 500	8 000	00	20 000 000
A reporter....................				1 034 652 506 fr.

	Quantités.	Prix de l'unité.		Dépenses.
Report............				1 034 652 506 fr.
Mise en culture des terres riveraines, hectares (1).........	214 000	500 fr.	00	107 000 000
Phares de Souéïdiéh et de Fao, nombre	2	150 000	00	300 000
Pharillons de Souéïdiéh, de Bélès, de Féloudjah et de Fao, nombre.	6	20 000	00	120 000
Télégraphe (largement compté) kilomètres de longueur......	2 100	800	00	1 680 000
Admettons, comme supplément, pour faire sauter les rochers d'Abou-Saïd et de Kerbéleh, la somme en bloc de..........	»	»	»	1 500 000
Total....................				1 145 252 506 fr.
Comptons maintenant plus de 1/10 de ce total pour frais imprévus, détails divers, tels que balises, etc., enfin comme frais d'administration, soit.....................				114 747 494
Total général....................				1 260 000 000 fr.

Nous répétons que les dépenses ont été généreusement comptées.

Comme il est d'usage de fournir aux actionnaires d'une grande entreprise un intérêt des sommes versées à mesure des appels de fonds, il faut tenir compte des intérêts ainsi fournis, il faut en porter le chiffre en augmentation de la dépense d'exécution. Avec les moyens puissants que le génie civil tient actuellement à sa disposition, nous pouvons admettre qu'il suffirait de six années pour achever le travail. Le tableau suivant présenterait dans leur ordre les six versements partiels formant la somme totale :

1re année...	70 millions.	Intérêt à 5 % pendant 6 ans		21 millions.
2e année...	180	—	—	5	45 —
3e année...	230	—	—	4	46 —
4e année...	280	—	—	3	42 —
5e année...	250	—	—	2	25 —
6e année...	250	—	—	1	12,5 —
	1 260 millions.				

Total des intérêts à fournir aux actionnaires....	191 500 000 fr.
Nous devons ajouter ce total au total des travaux.......	1 260 000 000
Total....................	1 451 500 000 fr. (2)

(1) Voir le chapitre VIII.

(2) On lit dans la Semaine financière du *Figaro*, 9 mai 1885 : « Le canal

Donc, en nombres ronds, pour être larges, nous considérerons comme capital maximum applicable à l'entreprise, 1 500 millions de francs.

VII

AVANTAGES INDUSTRIELS DE L'ENTREPRISE.

Vis-à-vis d'une somme aussi forte et de charges aussi lourdes à s'imposer comme premières mises de fonds, quels avantages peut-on faire paraître, et sur quelles chances de succès doit-on compter raisonnablement? C'est ce qu'il nous importe de supputer maintenant.

Nous allons examiner les trois principaux côtés de la question, dans ce chapitre; et, dans le suivant, nous verrons que la recette dépasserait certainement l'intérêt au vingtième du capital engagé, c'est-à-dire que l'affaire est industrielle, rémunératrice. Ces trois chefs principaux sont :

1° Le transit;

2° Le commerce local (nous ne comptons point le mouvement local des voyageurs: il est tout à fait négligeable pour le présent);

3° L'exploitation ou la vente, même à bas prix, des terrains concédés.

Transit. — Nous ne sommes pas de ceux qui croient à la possibilité d'un empire français des Indes dans la presqu'île transgangétique: du moins, d'un empire marchand en même temps que militaire, comparable à celui que les Anglais ont fondé. Nos aptitudes ne sont pas celles-là. Mais nous croyons fermement que si la France s'établit en grande puissance dans les régions indo-chinoises, ce qui n'aurait rien d'étonnant, les

de Panama coûtât-il *un milliard* à son achèvement complet, que l'entreprise demeurerait encore une affaire brillante, égalant sinon dépassant les résultats financiers du Suez. En tenant compte de ses travaux complémentaires en cours d'exécution, de la différence de la valeur de l'argent depuis son origine, *le canal de Suez ne représente pas lui-même une somme bien inférieure à ce milliard... »*

étrangers seuls tireront parti de l'ouverture des ports de l'extrême Orient, sachant recueillir tous les profits, tandis que nous aurions toutes les charges.

Voici le mouvement commercial à Haï-Phong (embouchure du Song-Koï) pendant une des dernières années :

Navires entrés.

Anglais	=	19, représentant	5834 tonneaux.
Allemands	=	11, —	3551 —
Chinois	=	145. —	3254 —
Français	=	2, —	1170 —

Navires sortis.

Anglais	=	15, représentant	5292 tonneaux.
Allemands	=	10, —	3196 —
Chinois	=	139, —	3198 —
Français	=	1, —	801 —

Conclusion pratique : Toutes les nations, sauf les Français, établiront des comptoirs dans des pays conquis et conservés au prix du sang français. Les Chinois afflueront sur les territoires occupés ; ils flatteront les Européens, et s'empresseront d'établir ce fameux *drainage de l'or*, qui leur réussit partout.

Mais là n'est pas la question que nous avons à traiter. Ce qui paraît certain, c'est que l'extrême Orient développera d'ici peu d'années un surcroît de vie et de mouvement dans le trafic des peuples occidentaux ; et que nécessairement la route suivie par les objets de ce trafic acquerra de plus en plus d'animation.

Toutefois, prenons les choses telles qu'elles sont aujourd'hui : n'admettons que les faits prouvés et très prouvés.

L'ouverture du canal de Suez a donné depuis quinze ans à la mer Rouge le transit du commerce européen avec les Indes, la Chine et l'Australie. Aden, l'antique comptoir des Tyriens, avait décliné par suite de la découverte du cap de Bonne-Espérance ; sa prospérité ressuscita lors du percement de l'isthme (1). Saisi, dès 1839, par les Anglais, Aden est main-

(1) « La ville d'Aden est considérée *officiellement*, et non sans raison, comme une dépendance administrative de l'Hindoustan. N'est-elle pas, en effet, une simple escale sur la route maritime *de Londres à Bombay ?* » (M. E. Reclus.)

tenant l'un des points stratégiques les plus considérables du monde, et, de plus, l'escale *obligée* de tout navire de *commerce* au sortir de la mer Rouge, comme étant le seul port de refuge et le seul entrepôt de houille entre l'Asie et l'Afrique. Est-il possible d'affranchir de cette dangereuse dépendance les relations avec l'extrême Orient, et d'arracher une partie de ce monopole à l'île d'Aden? Nous répondons : oui! Par l'ouverture du canal maritime nouveau, l'on peut prétendre à ce résultat; et cela pour un triple motif :

L'économie, soit comme parcours, soit comme dépense totale;

La supériorité du golfe Persique sur la mer Rouge au point de vue sanitaire;

La présence d'un combustible aux bords de l'Euphrate; ce combustible se trouve dans les environs de Hit.

Pour toutes les puissances européennes (y compris l'Angleterre, et les pays riverains de la mer Noire, qui comptent aujourd'hui, surtout à cause des bouches du Danube), la route maritime est identiquement de même longueur pour gagner Souéïdiéh ou pour gagner Port-Saïd. L'itinéraire diffère un peu; mais, à l'égard du trajet total, celui de Souéïdiéh et celui de Port-Saïd sont égaux, à 5 milles marins près, quel que soit le point d'où l'on parte. Occupons-nous donc de la comparaison des parcours depuis Port-Saïd et depuis Souéïdiéh, admettant comme de juste que les pertes de temps à l'entrée du nouveau canal seraient les mêmes que celles qu'on peut subir à l'entrée du canal égyptien.

La question est plus complexe qu'elle ne paraît au premier abord. Il convient de distinguer entre l'*aller*, d'Europe vers l'extrême Orient, et le *retour* (1); de même qu'il est utile de séparer l'année en deux époques, soit *grosso modo* l'hiver et l'été.

Voyons d'abord l'aller (*outward*, comme disent les Anglais).

Pour gagner Bombay, le trajet se décompose de la manière suivante :

(1) Par suite de la « mousson » de la mer des Indes. [Ce mot vient de l'arabe *maussim*, la saison (pluvieuse).]

Ancienne route.

Canal de Suez : Port-Saïd, Suez (88 milles marins ou 163 kilo-
mètres). La traversée est connue. Elle se fait *moyennement* en   32 heures.
A Suez, visite de la *santé*, soit   1   —
De Suez à Steamer-Point (Aden), 1 308 milles marins où
2 422 kilomètres, ce qui fait moyennement...............   144   —
A Steamer-Point : arrêt, chargement de charbon.............   18   —

De Port-Saïd à Steamer-Point, moyennement.................   195 heures.
De Steamer-Point (Aden) à Bombay, l'on compte *en ligne droite*
1 665 milles marins ou 3 084 kilomètres, qui se font, l'*hiver*,
en   240   —

Donc, de Port-Saïd à Bombay, l'hiver......................   435 heures.

Pendant l'été, d'Aden à Bombay, suivant les mois, il faut
8 ou 9 jours, c'est-à-dire moyennement (8,5) jours, soit....   204 heures.
Lesquelles, additionnées aux..................................   195   —
nécessaires pour faire le trajet Port-Saïd-Aden, donnent :

De Port-Saïd à Bombay, l'été...................................   399 heures.

Route nouvelle.

Canal indo-européen, Souéïdiéh-Bélès, 273 kilomètres : à 8 kilomètres à l'heure, cela ferait moins de 35 heures de navigation ;
mais comme il faut s'arrêter la nuit (1), la traversée se
trouve doublée. Hiver : En admettant 11 heures de voyage par
jour (l'hiver des pays équinoxiaux), la traversée serait d'en-
viron..   74 heures.
De Bélès à Féloudjah, 950 kilomètres à 17 kilomètres à l'heure,
cela ferait moins de..   56   —
A Féloudjah : arrêt, chargement de charbon.................   18   —
De Féloudjah à Basrah, 790 kilomètres, soit moins de   47   —
Visite de la *santé*, soit..   1   —

De Souéïdiéh à Basrah (hiver)............................ (2)   196 heures.

             A reporter........................   196 heures.

(1) Nous n'avons pas compté, comme *dépense première*, l'établissement
d'un éclairage électrique, qui permettrait la marche de nuit dans le canal.
Mais il serait habile de s'imposer dès le commencement de l'exploitation
cette dépense supplémentaire qui ferait bénéficier *moyennement* de plus de
vingt-quatre heures sur la longueur de traversée.

(2) Cela cadre bien avec les appréciations de Chesney : supputant combien il faudrait de temps aux bateaux plats à vapeur qu'il projetait pour
remonter l'Euphrate, du golfe Persique à Bir, Chesney comptait que de
Basrah l'on serait à Bélès en huit jours (malgré les transbordements aux
marais de Lemloun et devant le gué du Chameau).

Report...................... 196 heures.

De Basrah à Bombay, 1561 milles marins ou 2891 kilomètres
    qui peuvent se faire en toute saison moyennant............ 172 —

Donc, de Souéïdiéh à Bombay, l'hiver...................... 368 heures.

Pendant l'été, de Souéïdiéh à Bélès, la traversée se trouverait
    réduite de 21 heures (en supposant 15 heures de navigation
    par jour). On n'aurait donc plus, de Souéïdiéh à Basrah, que
    (196—21), soit.. 175 —
Lesquelles, additionnées aux.............................. 172 —
    nécessaires entre Basrah et Bombay, donnent :

De Souéïdiéh à Bombay, l'été............................. 347 heures.

Pour gagner Bombay, la différence en faveur de la nouvelle route serait donc de (435 — 368) = 67 heures, ou de (399 — 347) = 52 heures, soit en moyenne de : 2 jours et demi de navigation. Voilà de combien la capitale industrielle et militaire des Indes serait rapprochée de la métropole (1) !¦

Parlons maintenant des voyages de retour vers l'Europe (*homeward*).

Ces voyages se font, la moitié du temps, dans des conditions toutes différentes des voyages en sens inverse (*outward*), à cause des « moussons » ou vents de la mousson, qui règnent dans la mer des Indes. On sait que cette mer est exposée à la violence des moussons, qui soufflent du sud-ouest pendant cinq bons mois de l'année, tandis que le golfe Persique échappe entièrement à leur action. De là la supériorité du chemin du golfe. Cette action est telle, qu'elle fait perdre deux à trois jours de route quand on marche de Bombay sur Aden ; mettons deux jours seulement. On voit que si le canal nouveau donnait *outward* une économie de deux jours et demi de navigation, il donnerait moyennement *homeward* une économie de plus de trois jours et demi. Moyenne, pour un voyage com-

---

(1) Même pour les communications entre l'Europe et l'extrême Orient au-delà de l'Indostan (Indo-Chine, Chine, Australie), la route nouvelle serait encore, en certains cas, beaucoup plus avantageuse que l'ancienne. On peut facilement se rendre compte, par exemple, que les navires *revenant* pendant la mousson gagneraient *un jour complet de navigation* à prendre le canal indo-européen, sans compter le bénéfice résultant forcément d'un arrêt de douze heures à Bombay.

plet, aller et retour, six jours; pour un seul voyage, dans un sens ou dans l'autre, trois jours.

Or, sans compter les avantages industriels, commerciaux, militaires, qui peuvent en résulter, veut-on savoir ce que cela représente brutalement, valeur argent, pour la compagnie maritime intéressée, qu'un gain de trois jours par voyage?... Pour les grands « transports » à vapeur, jaugeant 2 000 à 2 500 tonneaux de mer, il faut évaluer la consommation par 24 heures à 45 tonnes environ, au prix moyen de 40 francs. Cela fait, par jour, une dépense, en charbon, de :

$$45 \times 40 = 1\,800 \text{ francs.}$$

Gagner trois jours, c'est gagner, sur le combustible seul,

$$5\,400 \text{ francs.}$$

On doit compter pour les frais accessoires (service du bâtiment, entretien des passagers, usure du matériel, amortissement du capital, etc.) environ 2 500 francs par jour, plutôt plus que moins. Pour trois jours, cela fait 7 500 francs.

$$\text{Économie totale} = 5\,400 + 7\,500 = 12\,900 \text{ francs.}$$

En admettant donc qu'on établisse un droit de péage égal à celui de Suez, c'est-à-dire 10 francs par tonne et 10 francs par tête humaine, tout gros navire voyageant sur la route des Indes aura pour chaque voyage complet une économie de plus de 25 000 francs à prendre le chemin nouveau — sans compter l'avantage même, bien réel cependant, de porter plus vite à destination passagers, dépêches et marchandises.

Voilà pour les vaisseaux ayant Bombay pour point terminus de traversée dans l'état actuel des choses. Nous avons dit, et nous répétons, que chaque année davantage la ville de Bombay devient la véritable capitale des Indes anglaises. L'ouverture du canal de l'Euphrate ne serait pas sans doute pour ralentir ce mouvement, à moins qu'elle ne le porte sur Kurrachee, lequel cas serait encore plus favorable à l'entreprise indo-européenne.

En effet, la question de la nouvelle route est liée à une question coloniale d'une grande importance, qui préoccupe depuis longtemps les esprits de l'autre côté de la Manche : nous voulons parler de la substitution de Kurrachee à Bombay comme port européen de l'Inde.

Le port de Kurrachee est, de toute la presqu'île hindoustanique le point le plus rapproché de l'Europe. Même par le chemin d'aujourd'hui (Suez), Kurrachee est de deux journées de parcours plus près de la métropole que toute autre plage de la vaste colonie britannique. Il faut, de Londres à Bombay, 31 à 32 jours, au minimum ; inversement, 31 à 34 jours (mousson). De Londres à Kurrachee, il faut 29 jours ; inversement, 29 à 31 jours.

Comparons, comme dernier exemple, le parcours actuel de Kurrachee avec le parcours futur — en ne considérant que la route *aller*, afin de ne pas fatiguer le lecteur, mais en faisant remarquer qu'au *retour* les vapeurs perdent *aujourd'hui* trois jours de Kurrachee à Steamer-Point pendant les mois de la mousson.

D'Aden à Kurrachee on met aujourd'hui 7 jours juste ou 168 heures ; en se rapportant aux nombres calculés plus haut, on voit que le trajet de Port-Saïd à Kurrachee est de 363 heures.

De Basrah, pour gagner Kurrachee, directement, on compte 1158 milles marins, représentant environ 127 heures de traversée. Il en résulte (voir plus haut) que de Souéïdiéh à Kurrachee il faudrait :

Hiver, 323 heures ; été, 303 heures.

La différence en faveur du parcours de l'Euphrate serait donc en moyenne de :

$$\frac{40 + 60}{2} = 50 \text{ heures.}$$

Donc, pour *aller* de Londres à la grande colonie asiatique, il suffirait de 27 jours au lieu de 29 jours. Certains théoriciens prétendent qu'on pourrait faire actuellement le voyage en 27 jours ; soit : il n'en faudrait donc plus que 25 en passant par le canal nouveau.

Cette question du gain de parcours est tellement importante que depuis longtemps certains progressistes anglais deman-

dent qu'on transporte la capitale d'occident des Indes à Kurrachee, pour des raisons militaires comme pour des raisons
commerciales. Par la nouvelle route, Kurrachee serait à quatre
jours plus près de Londres que ne l'est actuellement Bombay.
L'adoption de Kurrachee comme port européen de l'Inde
suivrait très probablement l'ouverture de la voie nouvelle.
Dès aujourd'hui, « Kurrachee est en communication par chemins de fer avec Bombay, Calcutta, Lahore; et si le système
de railway de la vallée de l'Indus est prolongé jusqu'aux passages de Bolan et de Khyber, et va rejoindre Kandahar, la *sû-
reté* de l'Inde sera complète. » (M. Andrew.)

La route de l'Euphrate serait donc plus économique, c'est
incontestable. Ajoutons que la route de Suez a ce grave inconvénient que, à partir de Suez, elle n'est plus qu'un sillage inutile tracé dans l'intervalle de deux déserts. A peine cite-t-on
Jeddah et Swakim, comme stations dans la mer Rouge. Aden
n'a d'autre importance que celle que lui donne sa position extraordinaire: la grandeur anormale d'Aden disparaîtrait le jour
même où Steamer-Point ne serait plus une escale *obligée*...
La route de l'Euphrate, au contraire, desservirait Bagdad, Bassorah, Bombay; si bien que les vaisseaux même gagnant
l'Australie et l'Orient lointain auraient avantage à passer devant ces grandes villes de l'industrie et du commerce pour y
prendre et laisser du chargement.

C'est ici le lieu de le faire observer : la route nouvelle per-
mettant d'éviter le *droit d'ancre* d'Aden, on pourrait mettre
un droit d'ancre sur le port de Féloudjah, comparable à celui
d'Aden. Ce serait une source de revenus accessoires pour le
canal. Quels que soient jamais les droits d'Aden (car il y en a
plusieurs), ceux de Féloudjah seraient maintenus constamment égaux (1)... Mais cette discussion nous entraînerait trop
loin; et nous terminerons, sans en plus dire, l'article de la

____

(1) Nous ne prétendons point faire concurrence au canal de Suez ; mais
les échanges internationaux se développent avec une telle rapidité qu'il faut
sans cesse adjoindre de nouvelles voies aux voies existantes. Loin de former
deux entreprises rivales, le canal de Suez et le canal indo-européen pourraient au besoin fondre leurs intérêts : le plus gros du mouvement com-

comparaison des parcours, et des économies réalisables de ce chef.

Il est un autre point sur lequel, principalement pendant l'été, le canal nouveau peut soutenir une comparaison avantageuse avec le canal égyptien. Je veux parler de la commodité du voyage. Personne n'ignore que la mer Rouge est 'un des passages les plus mauvais du monde, non pas à cause du danger de la mer (1), mais à cause de la température et de l'état de l'atmosphère. Suivant l'opinion du docteur Bernard, médecin de marine, qui vient de publier des notes sur le sujet, « la chaleur qu'on éprouve et l'éblouissement que donne la *lumière* ont seuls, probablement, fait appeler *Rouge* cette mer. »

Il existe une différence très grande, à cet égard, du golfe Arabique au golfe Persique ; celui-ci n'est pas, comme l'autre, pris entre deux déserts torrides : il est protégé d'un côté.

La facilité de navigation du golfe Persique est attestée par M. William Parkes, ingénieur-conseil du secrétariat des Etats de l'Inde pour les ports de Kurrachee et de Madras ; comme aussi par une correspondance publiée par feu le capitaine A.-D. Taylor, Indian Navy.

Même durant la saison favorab'e, on est étonné lorsqu'on n'a qu'un ou deux cas d'insolation pendant la traversée de la mer Rouge. Mais, durant la saison contraire, malheureusement plus longue que l'autre, c'est à n'y pas tenir. Ecoutons le docteur Bernard (2) :

« Nous partons d'Aden (vers Suez) le 20 août. A peine avons-nous quitté le mouillage, que la chaleur devient insup-

mercial se porterait en effet tantôt vers l'un des chemins, tantôt vers l'autre, suivant la nature des chargements, la destination finale, la saison de l'année, etc.

(1) La catastrophe de l'aviso *le Renard*, arrivée le 3 juin dernier (1885) entre Obock et Steamer-Point (traversée de quatorze heures), prouve cependant que la mer Rouge est quelquefois le théâtre de cyclones d'une violence extrême.

(2) *De Toulon au Tonkin*, 1884.

portable. Ce que nous avions appris à Aden n'était pas fait pour nous rassurer : *la Corrèze*, transport de l'Etat, qui fait le même trajet que nous — en sens inverse, avait perdu dans la mer Rouge *six hommes* de son équipage, foudroyés par des coups de soleil. Un autre transport avait, en même temps, vu mourir *huit personnes*, dont trois officiers (1) et une sœur de charité. La veille même de notre passage à Aden, une frégate allemande s'y était arrêtée pour enterrer son major, mort de la même façon. Ce qu'il y a de plus terrible, c'est que toutes cês victimes ne succombent pas sous l'influence directe du soleil, dont à la rigueur on peut toujours se garantir : il en est qu'on trouve morts dans leur chambre, où la chaleur les a suffoqués. Et nous allons traverser cette fournaise !...

« Nos matelots souffrent malheureusement plus que nous (ce n'est pas peu dire). Un jour, l'un d'eux s'affaisse tout à coup, comme s'il eût été frappé d'une attaque d'apoplexie. Le lendemain, un autre nous est apporté en délire : glace, saignées, ventouses, rien n'y fait — et il meurt dans la nuit. Le lendemain, un troisième se met à courir en hurlant dans la batterie : il était devenu subitement fou, et sa folie n'a jamais cessé.

« La température *moyenne* de l'air est de 40 *degrés à l'ombre*; celle de la mer elle-même est de 35 degrés, *à quelques mètres de profondeur*. Et, jour et nuit, cette chaleur est constante. Son effet est tel, que dans notre office, dans nos armoires, des verres vides cassent d'eux-mêmes, avec un bruit sec, comme si on y versait de l'eau bouillante. Et cela avec un tangage énorme ; un tangage à donner le mal de mer à un phoque nous balance d'Aden à Suez. Le vent saute à chaque instant du nord au sud et du sud au nord. S'il vient contre nous, il nous envoie toute la fumée à l'arrière et il nous étouffe ; s'il souffle en poupe, c'est encore pis, — nous marchons assez vite pour ne pas le sentir, et nous nous trouvons dans un calme atmosphérique qui nous asphyxie. On

(1) On prend pourtant toutes les précautions imaginables, aération continue, bains répétés, glace, etc. Le transport dont M. le docteur **Bernard** était médecin avait 850 personnes à bord.

est toujours inondé de sueur; quelques passagères que nous avons à bord s'abandonnent sur leur lit, la porte de leur cabine ouverte, dans un état presque complet de nudité, et les efforts de notre lieutenant ne parviennent qu'à grand'peine à les rappeler au sentiment de la pudeur. Inutile de dire qu'il faut renoncer à tout travail intellectuel, sous peine d'éprouver, après cinq minutes d'efforts, des douleurs de tête, des tintements d'oreilles et des vertiges; ceux-ci sont souvent aussi causés par les clartés éclatantes qui nous environnent. Le ciel, en effet, n'est plus bleu : le soleil semble être partout à la fois; le firmament a l'air d'un incommensurable dôme de verre blanc, qui serait placé à une distance incommensurable, et qu'un flot de lumière électrique éclairerait par derrière...

« Les troubles digestifs deviennent plus nombreux encore. La moindre égratignure ne peut plus guérir; une piqûre de moustique devient un ulcère. Le sommeil lui-même est perdu; on passe la nuit à changer de place sur sa couchette. La chaleur du corps et celle de l'extérieur s'emmagasinent si bien dans les coussins, qu'un thermomètre, placé entre la tête et l'oreiller, atteint et dépasse 50 degrés. On est à chaque instant réveillé en sursaut par une chaleur douloureuse qu'on sent sur un point limité du crâne, comme si ce point était frappé seul par un rayon solaire...

« Il est, à bord du navire même, un lieu où la chaleur est plus atroce encore, un lieu où il semble impossible qu'un être humain puisse vivre : c'est la chambre de chauffe. Nous avons essayé d'aller en mesurer la température. Armé d'un thermomètre, et nous brûlant les mains aux rampes de métal, nous sommes descendu dans ce véritable enfer. Autour d'une salle étroite, aux parois de fonte, huit fourneaux embrasés brûlent en ronflant. Aucun Européen ne pourrait résister à ce travail diabolique; ce sont des Arabes, pris à Aden pour cette besogne, qui en sont chargés... (Ils sont huit, plus le chef, complètement nus, se relayant d'heure en heure, et se précipitant de temps à autre — pour pouvoir vivre — au milieu d'auges pleines d'eau froide, placées dans une chambre voisine...) Nous ne sommes pas dans cette atmosphère depuis une minute

que notre thermomètre marque déjà *soixante degrés,* et que
nous nous enfuyons, renonçant à notre entreprise...

« Le 26, nous arrivons à Suez... Nous ne sommes pas au
bout de nos peines : il y a encore le canal à traverser. Deux
jours nous suffisent ; et, le 29, nous entrons dans la Méditerranée. La fraîcheur revient, et avec elle la gaieté pour tous.
On se croit déjà en France. »

Nous n'avons pas hésité devant une citation un peu longue
peut-être, mais très intéressante, parce qu'elle est empreinte
du cachet de la vérité la plus exacte. Le tableau n'a rien de
séduisant. Ce serait une œuvre pie que d'épargner aux marins
comme aux voyageurs des tortures aussi terribles. Dans le
canal indo-européen (orienté d'une autre façon que le canal
de Suez), non plus que dans l'Euphrate et le Tigre approfondis
ou dans le golfe Persique, on n'aurait de pareilles souffrances
à supporter. Quand la nouvelle entreprise n'aurait pas d'autre
avantage que celui-là, ce serait assez pour faire désirer qu'elle
réussît ; l'industrie et le commerce sont de belles choses,
mais une chose plus belle encore, c'est l'humanité. Si quelqu'un me rappelle que j'ai donné ce titre au chapitre « Avantages industriels de l'entreprise », et m'accuse de m'égarer
dans des considérations philanthropiques, je répondrai que
je ne m'égare point, et que, dans le cas présent, les avantages pécuniaires et ceux de l'humanité marchent ensemble.
C'est évident ; je n'insiste pas. Et j'entame un nouvel article.

Nous avons signalé la présence aux bords de l'Euphrate,
dans les environs de Hit, d'un précieux combustible minéral :
il faudrait dire, de plusieurs. Le premier est un bitume durci,
qu'on vend en morceaux de forme carrée : il constitue un excellent calorifique (1). On s'en sert sur les lieux pour cuire la
chaux qu'on envoie à Bagdad ; il paraît remplacer très avantageusement le charbon de terre. Chesney, du reste, en a fait
l'expérience : il a chauffé ses petits steamers avec du bitume
compact de Deyr. A Hit sont les sources les plus abondantes

(1) Rapport de M. l'ingénieur Tartt (1879).

(elles sont dix, *inépuisables*) (1); mais on en trouve en plusieurs autres endroits de la région.

Si le mastic noir (kara-sakiz des Turcs) ne vaut pas les houilles anglaises, on pourrait, à Hit, faire de très bonnes *briquettes* avec un autre bitume, dit *néfata* (naphte) (2), bitume liquide, agglomérant des charbons transportés. Toute la houille d'Aden est transportée; le néfata de Hit se payerait sans doute bien cher à Steamer-Point... On rencontre également du côté de Hit des sources de *pétrole blanc* qu'on exporte jusque dans l'Inde. Peut-être ces produits sont-ils destinés à lutter avec ceux de Bakou, dont la Russie a depuis une dizaine d'années tiré le parti que l'on sait. Pour cette puissance, le pétrole est l'origine d'une grande prospérité commerciale. Agent de chaleur non moins que de lumière, il aspire à détrôner et la houille de Newcastle et le pétrole même d'Amérique (3), qu'il chassera des ports de la mer Noire et de la Méditerranée. Déjà Marseille est entrée en relations avec les compagnies du Caucase. Le nouveau combustible est employé par les steamers de la mer Caspienne; il alimente les locomotives du Poti-Tiflis-Bakou, comme celles de Michaëlovsk à Berna. Placé sur la grande route naturelle du transit entre l'Orient et l'Occident, il fournira, dit M. Duquesnoy, aux besoins des futurs chemins de fer de la Perse, de l'Arménie, de l'Asie centrale; il éclairera les villes d'Hérat, Candahar, Caboul, et, transporté jusqu'aux Indes, il se vendra peut-être dans les bazars de Delhi et de Calcutta. Ces prévisions sont contestables; mais ce qui ne l'est pas, c'est un fait : le pétrole des Russes leur a créé de toutes pièces une marine marchande puissante, qui rendrait pendant une guerre des services inappréciables. Grâce à de nombreux navires de commerce, une ou plusieurs armées seraient en

(1) Welsted. — Les sources traversent le calcaire magnésien jaune, à cassure conchoïde. (Ainsworth.)

(2) Ce bitume a servi de ciment pour la construction de l'antique Babylone.

(3) « La consommation de pétrole d'Amérique est considérable à Bassorah. Ces gens-là le font venir de si loin, quand à deux pas de leur ville, sur l'autre rive du Chatt, il y en a des lacs souterrains à éclairer le monde entier pendant des années ! » (D. de Rivoyre.)

quelques jours amenées à Michaëlovsk, tête de ligne du chemin de fer Central-Asiatique. Notons un chiffre : en 1883, le port de Bakou n'a pas reçu moins de 8 000 navires de toutes sortes ; à cette époque, la flottille de la Caspienne comptait 1 500 bateaux, dont beaucoup à vapeur et d'un fort tonnage.

De pareils résultats permettent de supputer ce qu'on pourrait tirer des combustibles de l'Euphrate. Ils ont pour eux l'opinion d'Ainsworth, qui n'est pas une opinion vulgaire. L'expérience de Chesney doit être méditée. Tout donne à penser que les matières susnommées seraient le point de départ d'énormes bénéfices lors de la navigation indo-européenne.

Commerce local. — Ce serait une erreur de croire que les contrées de l'Asie Mineure et de la haute Asie sont, même aujourd'hui, mortes pour l'industrie humaine. L'Arménie mésopotamique, dont les produits descendraient en grande partie au canal, est un pays élevé, fertile ; les hivers y sont froids, les pluies fréquentes, les sources abondantes. Il fournit des pâturages excellents, des grains et des fruits en quantité. Sur les montagnes, on voit des forêts de chênes, de sapins, d'érables, de frênes, de châtaigniers, de térébinthes, bois magnifiques que le flottage amènerait à bon marché. Là sont de riches mines de cuivre, d'orpiment, et (dit-on), près de Kéban et d'Argana, des mines d'argent, de plomb et même d'or.

Le mouvement du port de Skandéroun, pour 1882, est de 130 000 tonnes, mouvement comparable à celui de nos ports moyens : Brest, la Rochelle, Rochefort, Bayonne, Arles..., ne font pas plus que cela comme tonnage *total*, c'est-à-dire comprenant le commerce extérieur (importation, exportation), et le cabotage avec les mutations d'entrepôt par mer (entrées et sorties). Près de 10 000 chameaux vont et viennent constamment d'Alep à Skandéroun par la montagne. Le port de Souéïdiéh, héritier de celui de Skandéroun, recueillerait tout le commerce d'Alep, ville qui dominerait le fleuve nouveau courant de Bélès à la Méditerranée.

Du Midi, les aciers damasquins et les cafés d'Arabie se porteraient vers l'artère indo-européenne, comme ils se portent aujourd'hui vers Alep. A l'Orient, la Perse fournit un commerce considérable, dont la moitié passe par Bagdad (1). Ce commerce, pour être uniquement de caravanes, ne s'en chiffrait pas moins, en 1880, à 150 millions de francs. Tout le marché de Bagdad prendrait forcément la route du fleuve. Près de cette ville sont les mines de cuivre de Magharat, qui jusqu'à présent ont peu donné, par suite de la mauvaise exploitation, à ce que l'on croit.

D'après un tableau fort curieux dressé par un *marchand de Bagdad* (2), le trafic local dans la région qui nous occupe directement (Bassorah, Bagdad, Alep) serait de 300 000 tonnes par année. Entre Alep et Bagdad, plus de 10 000 chameaux sont employés au transport des marchandises.

Bassorah reçoit une bonne partie du commerce de l'Inde septentrionale, que n'a pu lui ravir entièrement la concurrence anglaise par le Sud. C'est un exemple de la persistance étrange des anciennes voies et des anciens moyens.

Depuis l'établissement du service des bateaux-poste anglais entre Bombay et Bagdad, et celui du service français entre Marseille et Bassorah, la petite ville de Kovéït prend chaque jour de l'importance ; d'après Pully, la valeur des échanges y serait d'environ 1 600 000 francs.

Entre Bagdad et le golfe Persique, l'activité commerciale est telle, que jamais le divide de des deux compagnies de navigation anglaises ne descend au-dessous de 15 pour 100, dit M. D. de Rivoyre. Ajoutons, d'après le même, que, « à l'heure qu'il est (1883), les bâtiments anglais quittent parfois Bassorah presque à vide, tandis que les nôtres en sont réduits à refuser des chargements qui sont reportés au voyage sui-

(1) L'autre moitié passe ou par Bouchir (sur le golfe Persique), ou par Erzeroum (Arménie), ou par le chemin de fer russe Bakou-Tiflis-Poti. C'était autrefois Erzeroum qui tenait la tête. Il a suffi de la création de voies ferrées dans le Caucase pour faire pencher de ce côté le transit de la Perse, qui s'effectuait précédemment par Erzeroum et Trébizonde ; tant est puissante l'attraction produite par une bonne voie de communication ! (M. Séjourné.)

(2) Ce tableau provient des archives britanniques.

vant (1) ». Dans cette région productive, il se perd chaque année pour des sommes considérables de céréales (2) ! « Les négociants de Bagdad ou de Bassorah, achètent au cultivateur son blé à vil prix, à raison d'un para l'ocque, c'est-à-dire de 4 centimes le kilogramme et demi (ce qui fait à peu près 2 francs l'hectolitre), pour l'exporter et revendre aux Indes, leur principal débouché. En effet, par un jeu de bascule assez régulier, la famine correspond généralement dans l'Indostan à l'abondance au golfe Persique... La récolte est-elle, par exception, bonne simultanément dans les deux pays, — en dehors des quantités indispensables à la *consommation locale*, la moisson, dans ce cas, ne se coupe même plus en Mésopotamie, et on la laisse pourrir sur pied ! La difficulté des communications en rendrait le transport onéreux » (3), lisez impossible. Si ces détails sont tristes pour le présent, ils sont pleins de promesses pour l'avenir.

Voilà, *grosso modo*, ce qu'il faut dire du commerce local des contrées indo-européennes. Quand on ne devrait recueillir que ce que nous avons mentionné plus haut, quand les choses resteraient indéfiniment stationnaires, il y aurait encore lieu de tenir compte de ces éléments dans l'évaluation des ressources probables de l'entreprise.

Exploitation des terrains concédés. — De par l'acte de concession du canal de Suez, le gouvernement égyptien abandonnait à la compagnie tous les terrains non cultivés, appartenant au domaine public, qui seraient arrosés et cultivés, sur une certaine largeur de chaque côté de l'axe du tracé.

Pour le canal indo-européen, « tous les terrains non cultivés appartenant au domaine public », cela voudrait dire : à peu près tous les terrains ; car d'abord il n'y a qu'une surface infime de cultivée ; ensuite, il est bien peu de chose qui ne soit au

______

(1) Voir *Obock, Mascate, Bouchir, Bassorah,* 1 vol in-18 ; chez Plon.

(2) Le blé se montre d'une qualité supérieure en Mésopotamie. C'est qu'il est là dans son pays d'origine. On ignorait depuis des siècles et des siècles à quelle plante naturelle on devait le blé, lorsque Ollivier trouva le blé sauvage en Mésopotamie. (Candolle.)

(3) Rivoyre.

domaine public. Reste à savoir si le gouvernement turc accorderait la bande de pays riveraine du canal et des fleuves approfondis (1). Je crois qu'on peut répondre sans hésitation : oui, s'il concédait l'entreprise générale. Or :

1° Le gouvernement aurait intérêt à concéder ;

2° Il n'aurait aucun intérêt à refuser.

Le premier point est évident. Les finances turques ne sont pas dans un état très prospère, il faut l'avouer. La concession serait une occasion de bénéfices considérables pour la Sublime Porte : non seulement celle-ci recevrait un tant pour cent des *produits nets* de l'entreprise, mais encore elle verrait le commerce affluer dans ses ports, enfin elle deviendrait réellement et positivement maîtresse de cette vallée de l'Euphrate qu'elle cherche depuis vingt-cinq ans à replacer sous sa domination. Cette vallée lui ferait retour non pas telle qu'elle était lorsqu'elle l'a perdue, mais repeuplée, régénérée, revivifiée, telle en un mot qu'elle n'a pas été depuis deux mille ans.

Nous disons ensuite que le gouvernement turc n'aurait aucun intérêt à refuser la concession. Un seul motif, en effet, aurait pu le déterminer à se mettre en travers de l'entreprise. et c'est la crainte de déplaire à l'Angleterre (voir la note imprimée à la fin de l'ouvrage).

Cette puissance s'était donnée, jusqu'à ces dernières années. comme la plus fidèle amie et la meilleure alliée de l'empire ottoman. Mais le temps n'est plus des simagrées britanniques. alors que le cabinet de Saint-James affectait de se dévouer à la « réforme » de la Turquie, à la cause de son indépendance et de son intégrité. Nos bons voisins, aujourd'hui, déclarent

(1) Qu'on ne crie pas qu'il y aurait difficulté politique à cet abandon de territoire ; qu'une société jouissant d'un tel privilège formerait un Etat dans l'Etat, etc. Ce seraient là de vaines objections. Le sultan resterait toujours maître chez lui, puisqu'il aurait la disposition absolue des routes et des ponts, et qu'il garderait d'ailleurs le droit de reprise, à tout moment, des terres concédées, moyennant un payement effectué dans des conditions déterminées.

Disons encore une fois que l'œuvre indo-européenne, essentiellement agricole, commerciale, industrielle, réclamerait une complète neutralité, dont elle craindrait avant tout et surtout de sortir.

qu'ils ne croient plus à la Turquie. La vérité, c'est qu'ils n'en
ont plus besoin (1) : ils ne la connaissent plus. Les choses ont
bien changé depuis trente ans, depuis l'époque où la France
mettait avec une aveugle générosité (je devrais peut-être dire :
avec une aveugle stupidité) ses armes au service des intérêts
exclusifs de l'Angleterre ; les choses ont bien changé, du moins
dans le camp anglais. Ne nous jetez pas la pierre, à nous,
ô bons Ottomans !... Le grand orateur qui prêchait, en 1877,
la croisade, du nord au sud du Royaume-Uni, pour renvoyer
les Turcs (*bag and baggage*) en Asie, ne peut pas figurer dans
la galerie des amis de la Porte ; non plus que le ministre qui
partait, en 1878, pour le congrès de Berlin, ayant dans son
portefeuille la convention qui donnait Batoum et la Bessarabie
à la Russie, sans parler de la partie d'Asie Mineure qu'on ne
contestait pas. Le plénipotentiaire qui signait, peu de jours
après, une autre convention (secrète) avec la Turquie, pour
faire attribuer à l'Angleterre l'île de Chypre, passerait diffici-
lement pour le vengeur de l'empire ottoman. En fait, M. Disraëli (lord Beaconsfield) est allé signer à Berlin le premier
partage de la Turquie. Le traité de 1878 marque la fin de la
question d'Orient, du moins telle qu'on l'entendait autrefois.
Constantinople n'est plus une « enceinte sacrée », dont il
faille à tout prix écarter un conquérant européen. Une première raison, c'est que les Russes se sont ouvert au sud de la
Caspienne, aux dépens de la Perse, une voie directe pour
atteindre les frontières anglaises de l'Inde. On dit aussi que
l'occupation de Constantinople serait une vraie cause d'affai-
blissement pour la Russie, un point vulnérable en quelque
sorte. Enfin, on prétend que, la ville étant le siège du Com-
mandeur des croyants, la puissance qui l'en chassera soulè-
vera contre elle le fanatisme des musulmans du monde entier :
il serait donc « habile » de laisser la Russie assumer cette
responsabilité, qui lui fermerait peut-être plus sûrement la

(1) Ces lignes datent de 1883, et même de 1882. Elles ont sans doute
cessé d'être absolument justes aujourd'hui (1885) ; mais elles contiennent
encore assez de vérité pour que j'hésite à les modifier.

route de l'Inde que tous les obstacles qu'on pourrait accumuler sur son passage (1).

Les Anglais ont donc compris *en temps opportun* le changement de front que leur commandait leur intérêt dans la situation. Ils ont « lâché » la Turquie (2) : ces messieurs sont éminemment opportunistes.

M. Disraëli — c'est un sémite — qui connaît l'Orient pour y avoir passé plusieurs années, M. Disraëli poussa toujours l'Angleterre dans le courant de ses idées orientales. Il voulait lui donner l'hégémonie des races sémitiques, dans lesquelles il comprend tous les peuples musulmans, à mettre en opposition avec la Turquie. On n'a pas oublié les étapes de ce « poème politique » (3) : la reine d'Angleterre proclamée impératrice des Indes ; la défense des intérêts musulmans en Afghanistan et dans l'Asie centrale ; le *protectorat* en Egypte (on sait comment les événements ont tourné depuis); en dernier lieu l'« acquisition » de Chypre et l'obligation prise par l'Angleterre d'agir en Asie Mineure contre la Porte. Voilà ce qu'ont fait les Anglais.

Mais, s'ils ne croient plus à la Turquie, la Turquie ne croit plus en eux. Et le jour où l'on viendra proposer au gouvernement ottoman, de la part d'une compagnie, une transaction lucrative, honorable et digne de l'attention des hommes d'Etat orientaux, ce ne sera pas la crainte de déplaire à l'Angleterre qui paralysera la bonne volonté du Sultan pour une grande entreprise, étayée d'un joli cautionnement.

On aurait donc, sans doute aucun, l'appui du gouvernement. On pourrait lui demander d'*assurer* à la Compagnie le concours de tous les ouvriers nationaux nécessaires à l'exécution des travaux, comme on l'avait obtenu du gouvernement égyptien au canal de Suez ; à ce canal étaient employés un grand nombre de Syriens, qui sont de très bons ouvriers. Il n'y aurait, pour le nouveau canal, qu'à les prendre sur place... Mais revenons à la question des terrains concédés et considé-

(1) M. Gavard.
(2) Je répète que ces appréciations datent déjà de plusieurs années.
(3) M. Derôme.

rons un dernier point : L'exploitation de ces terrains serait-elle
lucrative ?

Nous prions le lecteur de se reporter à ce que nous avons
dit de la fertilité peu commune de presque tout le pays que
traverserait le canal indo-européen (et ses suites). Et nous
demandons ce qu'on peut attendre de tels terrains *arrosés*,
alors qu'en arrosant la zone du *désert, le sable, le pur sable*
des terrains concédés à la Compagnie de Suez, on a réalisé,
sous très peu de temps, de très séduisants bénéfices ? Nous rappel-
lerons enfin ces paroles d'un homme pratique : « L'irrigation
des terres mésopotamiques ne serait point aussi coûteuse que
celle de l'Inde, pourtant accomplie. Quelques turbines, mues
par le courant, suffiraient pour élever l'eau (des fleuves) à la
hauteur voulue ; on la distribuerait, à quelque distance que ce
fût, au moyen de tuyaux en fonte, qui valent le même prix,
ou à peu près, que la fonte en gueuses (1). »

Mais, dira-t-on encore, qui donc exploiterait ces terres ?
Pour cela, n'en ayez cure ; les Syriens sont là, voire les Bédouins (2). Et, si cela ne suffisait pas, n'y a-t-il pas les éléments d'une grande colonisation européenne dans cette mal-
heureuse Irlande, qui, chaque année, envoie au-delà de
l'Atlantique tant de milliers de ses enfants ? On pourrait appeler le flot de ce côté. Si cela même ne suffisait pas, il est une
autre source de colons, européens aussi, qui n'abonderaient
peut-être que trop sur les rives du canal, sans avoir besoin
d'être appelés. Je veux parler de la race teutonique.

Depuis le traité de Berlin, les Allemands sont appelés, pa-
raît-il, à *régénérer* la Turquie (décidément, tout le monde se
mêle de cette régénération-là). Les journaux prussiens pren-
nent soin de nous expliquer ce que le mot veut dire :

« Certes, dit la *Gazette nationale de Berlin* (août 1880), nos

(1) M. Cameron.

(2) Nous devons signaler le fait suivant, vu son importance : « Onze
mille Bédouins (c'est-à-dire des hommes du désert) se sont installés en cultivateurs sur les terres de la compagnie (en 1862), attirés par d'intelligentes
concessions temporaires de terrains que *le canal d'eau douce* vient de rendre
cultivables. » (*Mémoires de Suez.*)

fonctionnaires ne pourront à eux seuls régénérer la Turquie ; mais ils serviront à mettre en lumière le rôle que les Allemands peuvent jouer dans la péninsule des Balkans et dans l'Asie Mineure. Il y a longtemps que nous répétons aux colons qui partent pour l'Amérique qu'il y a, à deux pas de chez nous, des pays magnifiques qu'il faut conquérir à la civilisation. *Cette conquête allemande*, nous entendons qu'elle soit pacifique, qu'elle soit faite par nos professeurs, nos architectes, nos fonctionnaires. »

Voilà ! Je n'ai pas besoin, je pense, de faire remarquer au lecteur qu'il y a, dans le « trop-plein » de la population germanique, de quoi cultiver dix fois la surface de la vallée de l'Euphrate. Tout le monde a les yeux tournés vers l'Orient, le Chancelier de fer comme les autres : et l'on se souvient des termes dans lesquels il insista sur l'intérêt vital de l'Allemagne à maintenir ouvertes les voies commerciales de l'Orient.

« Je tiens à préciser, disait-il le 19 février 1878 : les conditions de paix sur la question des Dardanelles ne sont pas aussi importantes en ce qui concerne les vaisseaux de guerre qu'en ce qui concerne le *commerce. C'est là que réside tout d'abord le plus saillant des intérêts allemands en Orient, à savoir que les routes par eau, tout autant celles des détroits que celles du Danube en venant de la mer Noire, nous restent libres comme elles l'ont été jusqu'ici. »*

Je ne regrette pas d'avoir mis ici cette phrase, qui prouve une fois de plus combien chacun aurait intérêt à voir doubler la route de l'Orient, et qui me ramène au début de ce chapitre.

Après avoir examiné les trois chefs principaux des avantages de l'entreprise, essayons d'évaluer quels pourraient être les résultats pécuniaires.

VIII

TARIF DES TAXES A PERCEVOIR ET RENDEMENT PROBABLE EN ARGENT.

Nous adopterons une taxe unique, calquée sur le tarif de Suez, déjà cité : — 10 francs par tête de passager ; 10 francs par tonneau, suivant la jauge légale de chaque pavillon. Pour le transit, direz-vous, il est exact de procéder ainsi ; mais, pour le commerce local, il faudra forcément établir des tarifs kilométriques. Plus tard, sans doute ! Mais il serait impossible d'entrer maintenant dans de pareils détails ; le tenterait-on, l'on n'arriverait qu'à de la pure fantaisie. Je n'ai la prétention que de faire une estimation moyenne. Je suppose donc que tout navire, quel qu'il soit, paraissant sur le canal ou les fleuves approfondis, quel que soit d'ailleurs son parcours sur la voie nouvelle, rapporterait à la Compagnie 10 francs par tonne et 10 francs par homme. En ce qui concerne le « commerce local », ces chiffres seront tout à l'heure l'objet d'une discussion.

Transit. — Croit-on qu'il serait exagéré d'admettre, dès le principe, un mouvement maritime de 3 millions de tonneaux, c'est-à-dire la moitié de ce que fait actuellement le canal de Suez ? Je ne le pense pas (1). Car partager par moitié le transit de Suez à ce jour, cela ne veut pas dire qu'on enlèverait la moitié des passages à la voie égyptienne : d'abord, l'entreprise indo-européenne demanderait plusieurs années (qui sait combien ?) avant d'être livrée à la circulation, et, pendant ce temps-là, le tonnage du Suez s'accroîtra certainement dans une forte proportion. Ensuite on n'ignore pas que l'ouverture des nouvelles voies développe le mouvement général : ainsi, quand à Paris une nouvelle grande rue est inaugurée, il semble que toute l'activité des rues voisines s'y porte aussitôt ; allez dans les rues voisines, vous les trouvez, à peu de chose près, aussi fréquentées qu'auparavant.

En acceptant comme base le tarif indiqué plus haut, — un mouvement de 3 millions de

____

(1) On se rappelle les discussions assez âpres qui se sont produites (1883) relativement à l'établissement d'un deuxième canal, lorsque le canal existant fut reconnu comme insuffisant. Il a même été parlé d'un troisième canal (promoteur : le duc de Sutherland), par la Palestine et l'Est-Sinaï, de Saint-Jean-d'Acre vers Askaba ; ce dernier projet, quoique fort étrange, a fait l'objet d'une demande à la Sublime Porte... D'où cette conclusion que l'extension constante des besoins commerciaux réclame des dérivatifs du canal de Suez.

tonneaux représente déjà comme recette. . . .   30 000 000 fr.

Prenons 1/20 seulement comme nombre des passagers, évaluation modeste, cela donne   1 500 000

Il est logique de compter un droit d'ancre à Féloudjah, escale qui deviendrait « obligée », comme celle d'Aden. Dans celle-ci, les droits de port sont de 7 fr. 50 par 100 tonneaux de mer. Aux mêmes conditions, Féloudjah fournirait un revenu de $3\,000\,000^t \times 0^f 075$, soit de. 225 000

Commerce local. — Le prix que nous avons fixé, de 10 francs par tonne, est extrêmement faible. En effet, d'après des renseignements puisés aux Archives anglaises par un personnage « de haute autorité, pour qui les documents officiels n'avaient pas de secrets » (1) — il ressort que la *distance moyenne de transport* des marchandises entre les diverses stations de Bassorah, Bagdad, Alep, peut être évaluée à 430 kilomètres. En admettant que la valeur moyenne de la tonne kilométrique soit aujourd'hui de 20 centimes, chiffre modéré, nous voyons que chaque tonne circulant entre les marchés susdits revient actuellement à 86 francs environ. De 10 francs, taxe supposée, à 86 francs, l'écart est assez fort pour comprendre plusieurs fois une surtaxe de 10 francs par tête pour les hommes accompagnant les marchandises (2). Comme nous l'avons dit, le

A reporter. . . . . .   31 725 000 fr.

---

(1) Ces renseignements ont été publiés dans une lettre de sir Strafford Northcote, ancien secrétaire général des Etats de l'Inde.

(2) Au mois de mai 1879, M. William Tartt, ingénieur en chef de la compagnie de navigation à vapeur du Tigre, fut chargé de vérifier l'état de l'Euphrate, *de Féloudjah à Bélès.* Il remonta le fleuve sur un navire assez grand — un steamer de 120 pieds de long, muni de deux paires de roues, et portant deux machines Compound. Le steamer emme-

Report. . . . . 31 725 000 fr.

trafic local dans la région indo-européenne
serait annuellement de 300 000 tonnes au bas
mot. Avant l'achèvement des futurs travaux,
ce nombre augmenterait certainement (1).
Prenons-le cependant comme représentant le
commerce qui suivrait la voie nouvelle, d'un
avantage évident. Cela fait, pour le parcours

A reporter. . . . . . 31 725 000 fr.

nait, avec 100 passagers, 20 tonnes de marchandises pour diverses desti-
nations : *le fret de la tonne était de 10 livres sterling.* — Disons en passant
que M. Tartt a trouvé l'Euphrate plus navigable qu'au moment des sondages de Chesney, bien que « les Arabes assurent que la rivière est, cette
année, de 12 pieds au-dessous du niveau habituel ».

(1) Après l'achèvement, ce serait bien autre chose. « De Biridjick à
Alexandrette — 250 kilomètres — le prix moyen des transports (par chameau) est de 75 francs la tonne (cela remet la tonne kilométrique à 30 centimes). C'est-à-dire qu'à son arrivée au port d'embarquement, chaque hectolitre de blé venant de Biridjick se trouve déjà grevé de 6 francs de
transport par terre. Il faut ajouter à cela les déchets et pertes subis pendant
le transport (à dos de chameau), à la pluie, au soleil, pendant une vingtaine de jours, ce qui représente bien 10 pour 100 de la marchandise, —
les droits d'exportation, les frais d'embarquement et de transport par mer au
marché de vente. La marchandise, malgré ces faux frais exorbitants, par-
vient encore à Marseille ou en Italie dans des conditions qui lui permettent
d'aborder avantageusement le marché. L'Italie surtout achète beaucoup de
ces blés parce qu'ils ont été tout particulièrement reconnus propres à la
fabrication des pâtes (macaroni, etc.). Ces blés font toujours sur les marchés
d'Europe prime de 2 à 4 francs les 100 kilogrammes sur les meilleurs blés
de Russie. — Mais *au-delà de Biridjick, à trois et quatre cents kilomètres
dans l'intérieur,* l'exportation des céréales commence à devenir *impossible,*
les frais de transport grevant outre mesure la marchandise... » (Séjourné.)
Qu'arrive-t-il alors? Ce qu'on voit dans « le Kourdistan et la Mésopotamie,
où le blé, à l'heure actuelle, se vend 12 piastres le schumbori de 76 ocques,
c'est-à-dire environ 2 francs l'hectolitre, et, faute d'acheteurs dans les
années d'abondance, pourrit sur pied ou dans les greniers. En 1874, à
Ourfa, à 380 kilomètres de la mer, on dut brûler les blés de l'année cou-
rante. A aucun prix on n'avait pu les vendre. Cette précieuse marchandise
était devenue encombrante et ne valait pas même le prix de son magasi-
nage. Il fallut payer 30 paras (15 centimes) par 100 kilogrammes pour la
sortir des greniers et la brûler ». (Séjourné.)

$$Report. \dots \dots \quad 31\,725\,000\,\text{fr.}$$

Bassorah-Bagdad-Alep, à raison de 10 francs
par tonne . . . .　3 000 000

Trafiquants : (1/10 seulement), soit 30 000
à 10 francs. . . . .　300 000

Il faut bien compter aussi le trafic entre l'Arménie mésopotamique et la Méditerranée. Comme le prix de 10 francs serait exagéré, comparativement à nos autres appréciations, pour le parcours de Bélès à Souëïdiéh, nous porterons simplement les chiffres suivants, sous le titre de « droit de passage à Bélès » (1) :

100 000 tonnes à 3 francs. . . . .　300 000

10 000 individus (trafiquants) à 1 franc. . .　10 000

Terrains. — Supposons que les concessions riveraines s'étendent au moins sur 600 mètres (2) de chaque côté des berges, tant du canal que des fleuves approfondis ; en déduisant une largeur de 200 mètres pour la zone de garantie, les chemins latéraux et les *cavaliers* de décharge, il reste une bande large moyennement de 1 000 mètres : cela fait une superficie d'environ :

$$21\,400^{\text{hectom}} \times 10^{\text{h}},00 = 214\,000 \text{ hectares (3).}$$

Admettons que les terres aient été mises en

$$A\ reporter. \dots . . \quad 35\,335\,000\,\text{fr.}$$

(1) « La municipalité de Biridjick afferme chaque année *le privilège* de la traversée de l'Euphrate en barque. Pour cette traversée — pour la simple autorisation d'aller d'un côté du fleuve à l'autre — les chameliers et autres transporteurs payent un droit de 2 piastres par 250 kilogrammes (soit environ 1 fr. 80 par tonne). » (Séjourné.)

(2) Certains solliciteurs de chemins de fer, d'un appétit plus vaste que le nôtre, avaient demandé 5 *kilomètres de droite et de gauche* autour de leur ligne.

(3) La compagnie de Panama possédera 10 000 hectares de terrains aux deux extrémités et sur toute la longueur du canal maritime ; et 500 000 hectares de terres domaniales, avec les mines qu'elles contiennent, lui sont concédés gratuitement. Le 26 décembre 1883, une déclaration des Etats-

$$\textit{Report.} \ldots \ldots \ldots \quad 35\,335\,000\,\text{fr.}$$

culture pour les 2/6 après les vingt-quatre premiers mois de travaux. Au commencement de la quatrième année elles commenceront à donner un revenu, que nous compterons (comme à Suez) à raison de 250 francs par hectare ; c'est-à-dire qu'au commencement de la quatrième année elles auront déjà donné :

$$\tfrac{2}{6} \times 214\,000 \times 250^{\text{f}} = 17\,833\,333^{\text{f}}.$$

Admettons encore que, chaque année, on mette 1/6 en culture. Les terres auront donné, c'est évident :

Au commencement de la cinquième année :

$$\tfrac{3}{6} \times 214\,000 \times 250^{\text{f}} = 26\,750\,000^{\text{f}}.$$

Au commencement de la sixième :

$$\tfrac{4}{6} \times 214\,000 \times 250^{\text{f}} = 35\,666\,667^{\text{f}}.$$

Au commencement de la septième :

$$\tfrac{5}{6} \times 214\,000 \times 250^{\text{f}} = 44\,583\,333^{\text{f}}.$$

Si l'on suppose (ce qu'on doit supposer) que les appels de fonds suffiront à l'entreprise, il faut ajouter aux trois premiers de ces chiffres leurs intérêts composés pendant trois ans, deux ans, un an ; c'est-à-dire qu'au lieu des chiffres ci-dessus on aura les suivants :

$$
\begin{aligned}
&20\,644\,312 \text{ francs.} \\
&29\,491\,875 \quad — \\
&38\,500\,000 \quad — \\
&44\,583\,333 \quad — \\
\hline
\text{Total}\ldots \quad &133\,219\,520 \text{ francs.}
\end{aligned}
$$

$$\textit{A reporter.} \ldots \ldots \quad 35\,335\,000\,\text{fr.}$$

Unis de Colombie adjugeait à la même compagnie 150 000 hectares de pays comme l'équivalent de la portion exécutée de l'œuvre totale.

Nous n'avons pas tenu compte dans nos évaluations de la valeur vénale des mines, sources minérales et forêts qui se trouveraient dans ou joignant la bande de territoire attribuée à la société constructive du canal indo-

Report. . . . . 35 335 000 fr.

Voilà le capital *supplémentaire* dont on disposera le premier jour de la septième année, c'est-à-dire le jour du commencement présumé de l'exploitation ; et ce capital donnera, pendant cette première année d'exploitation, le revenu de 6 660 976

revenu qu'on doit ajouter au revenu désormais fixe de l'exploitation des 214 000 hectares, soit 53 500 000

Si la Compagnie financière du canal ne veut pas être en même temps une compagnie agricole, affermant ses terrains moyennant redevance, elle pourra les vendre petit à petit, en vingt ans par exemple, à des prix tels que l'intérêt des sommes dues aux ventes, augmenté des revenus annuels des terrains restants, soit au moins égal à cinquante-trois millions et demi de francs. Nous n'avons donc rien à compter pour la vente possible des terrains concédés.

Totalisons. Nous arrivons au chiffre de revenus de. . . . . 95 495 976 fr.

Admettons 20 millions pour frais d'exploitation, achat de dragues permanentes, etc., ci 20 000 000

Reste. . . . . 75 495 976 fr.

Pour un capital de 1 500 000 000 de francs, cela fait, *la première année*, plus de 5 pour 100 d'intérêt.

Tel nous apparaît le rendement probable.

européen, toutes choses que cette société pourrait exploiter directement ou rétrocéder à des sociétés secondaires. Nous nous sommes imposé, comme on s'en est sans doute aperçu déjà, toujours le minimum pour ce qui regarde les recettes, et toujours le maximum pour ce qui regarde les dépenses : c'est le seul moyen d'éviter de dangereuses illusions.

IX

CONCLUSION.

Résumons les divers faits de cette étude.

Ouvrir une voie nouvelle par eau, voie de navigation maritime et fluviale, de la Méditerranée au golfe Persique, rétablissant l'ancien courant commercial entre l'Europe et l'Asie ; ramener en même temps par l'irrigation la richesse dans les territoires si fertiles autrefois de la Syrie septentrionale et de la vallée mésopotamique, — telle est l'œuvre projetée.

Cette œuvre, dont les traités internationaux devraient garantir l'absolue neutralité, pourrait demander six ans de travaux effectifs, exiger un débours de 1 500 millions de francs, et donnerait dès la première année de fonctionnement un produit net d'environ 75 millions et demi — produit qui croîtrait forcément d'année en année, et, sans doute, suivant une rapide progression.

Que si la grandeur de l'entreprise nous effraye, songeons qu'elle possède une « garantie d'intérêt » aussi solide que le serait la garantie de l'État britannique lui-même — nous voulons dire la prospérité commerciale de l'Inde. Songeons aux dépenses énormes qu'ont faites les Anglais pour cet empire, la chair de leur chair et le sang de leur sang. Songeons à ces 17 000 kilomètres de chemins de fer qu'ils ont construits moyennant une dépense de 5 *milliards et demi de francs ;* à ce système de canaux de transport et d'irrigation qui complète le réseau des chemins de fer locaux et développe plus de 13 000 milles (21 000 kilomètres !) de voies navigables — coût, *un demi-milliard ;* — les chemins de fer et les canaux indiens représentent un débours de 6 *milliards de francs.* Songeons que pendant les dernières années, grâce à ces facilités de circulation dans la vaste colonie, la moyenne des transactions s'est élevée à 2 750 millions de francs, dont 600 millions de commerce intérieur et 2 150 millions de commerce extérieur (900 millions importation et 1 250 millions exportation). Songeons enfin que plus de 12 000 navires, dont 1/10 environ passe par le canal de Suez, sont employés au trafic avec l'extérieur... Voilà ce qu'est l'Inde anglaise au point de vue financier. Voilà la tête de ligne du canal que nous proposons d'ouvrir à l'industrie humaine.

Si l'idée que nous mettons en avant aujourd'hui ne réussit pas, elle se représentera dans dix, dans vingt, dans trente années, que sais-je? Mais elle se représentera forcément, et, quelque jour, réussira — nous en sommes fermement persuadé (1). Quand elle sera mûre, ou quand le siècle sera mûr pour elle, elle s'exécutera ; comme le canal de Suez s'est exécuté cinquante ans après la mort de l'ingénieur Lepère. Ce jour-là, quelqu'un se souviendra peut-être de l'ingénieur E...; mais ce n'est pas bien sûr.

Nous avons l'espoir, cependant, que dès maintenant l'entreprise sera favorablement accueillie. D'après certains signes avant-coureurs, il est permis de croire que la solution répond à des préoccupations générales, qui demandent à se voir satisfaites, et qu'il est temps de satisfaire.

Chaque siècle, comme l'a dit M. de Lamartine, « contient une vérité qu'il faut saisir pendant qu'elle est évidente et mûre, et qu'elle peut féconder l'avenir ». Telle est, ce nous semble, l'idée du canal indo-européen. « Si elle est comprise et pratiquée, elle servira l'Europe et l'Asie ; elle multipliera et améliorera la race humaine. Elle fera une époque dans l'existence laborieuse et progressive de l'humanité ; si elle est méconnue, repoussée parmi les rêves impraticables, pour quelques difficultés d'exécution », l'Europe y perdra comme gloire et comme richesse, « et l'Asie (Antérieure) restera ce qu'elle est, une branche morte et stérile de l'humanité. »

Je termine : ma tâche est achevée. Je remercie le lecteur qui m'aura bienveillamment suivi dans une route parfois ardue, comme toutes les routes nouvelles ; et je le prie d'être indulgent pour un travail qui n'a d'autre mérite que la sincé-

______

(1) Même si les Anglais exécutent auparavant leur fameux chemin de fer de l'Euphrate.

ité la plus scrupuleuse. Ce travail a pris trois ans de ma vie :
je ne les regretterai pas si j'ai pu convaincre quelques-uns de
mes semblables, et servir, dans la mesure de mes forces,
l'éternelle Science, l'éternelle Vérité.

———

NOTE POUR LA PAGE 10.

Ce mot étonnera peut-être ceux qui savent qu'il existe de l'autre côté
du détroit un certain nombre de partisans *d'un chemin de fer de la vallée
de l'Euphrate*. Je m'explique donc. Si l'Angleterre ne touche pas à la vallée
de l'Euphrate, elle *n'entend pas* que les autres y touchent. Il y a longtemps
qu'on parle chez nos voisins d'un railway des régions mésopotamiques.
Pourquoi, direz-vous, ne le fait-on pas? Parce que c'est un railway stratégique, uniquement stratégique, et qu'il ne rapporterait presque rien au
point de vue commercial (voir chap. IV). Quelques patriotes le demandent,
mais le parti de la paix, les optimistes, les marchands le repoussent...
L'Angleterre ne souffrirait pas facilement non plus qu'un autre peuple
ouvrît une voie de communication dont elle ne serait pas la *maîtresse indisputée* (undisputed mistress). Au point de vue militaire, il faudrait à John
Bull une route autre que celle de Suez, et plus rapide — la plus rapide
possible — un chemin de fer; mais un chemin de fer britannique, enten-
dez-vous? absolument britannique : on l'exécutera quand on voudra (peut-
être quand on pourra).

D'après une conférence faite à Londres par M. Andrew (1882) — *Euphrates Valley Railway* — il est facile de voir que l'intérêt militaire est seul
en jeu dans le projet *d'un chemin de fer*. L'expression *transport de troupes*
(conveyance of troops) revient à chaque page du discours. Le conférencier
a soin de proclamer que la question du railway est *en connexion* avec celles
de l'Asie centrale et de l'Egypte. L'Egypte (en 1882), passe encore ! mais
l'Asie centrale, c'est autre chose : c'est là sa bête noire. Il répète à satiété
que, par suite d'un système très bien combiné de voies ferrées, la capitale
des tzars n'est qu'à six jours et demi des postes russes les plus avancés sur
la frontière afghane, au-delà d'Askabad ; que trois lignes directes conver-
gent sur la Caspienne conquise. On peut, dit-il, bloquer la Russie dans la
mer Noire par une ceinture de torpilles noyées dans le Bosphore, sans que
sa communication avec l'Asie centrale et l'Asie Mineure soit nullement
atteinte... Il expose, en parallèle, que le voyage de Portsmouth à Quetta
(le poste avancé des Anglais) demande trente-cinq jours au minimum, *par
Suez*. Il ajoute qu'Askabad est à 200 milles plus près d'Hérat que Quetta.
Tout cela mérite réflexion. Et puis, par Suez? C'est là que le bât blesse la
Grande-Bretagne. « Des troubles politiques en Europe, en Egypte, peuvent

nous fermer l'isthme à quelque moment (il est plaisant de se rappeler que c'est lord Seymour qui l'a fermé, pendant deux jours, au *commerce du monde entier*, malgré les plaintes des marins qui réclamaient la liberté du transit dans un passage qu'on prétendait être neutre). Le canal, *pour être une œuvre glorieuse*, n'en serait pas moins rendu facilement et subitement inutile, si par exemple on y coulait bas un navire, ou si l'on y disposait quelques cartouches de dynamite, qui feraient sauter les berges. » Là-dessus, M. Andrew parle de l'usage « indélicat » qu'on fait de la dynamite, qui se transporte trop aisément...

« En présence de ces deux faits — la possibilité de la destruction du canal de Suez, l'établissement d'une rapide communication, par la Russie, avec l'Asie centrale, vers l'Inde — l'ouverture d'une seconde et *plus courte* voie vers notre empire oriental est devenue une impérieuse nécessité (an imperative necessity), une nécessité *nationale* (a national necessity). Si l'Angleterre, *d'accord avec la Turquie*, construisait le chemin de fer de la vallée de l'Euphrate, elle serait en tous cas la maîtresse indisputée de la nouvelle route ; elle ne serait troublée par aucune *prétention* de contrôle européen et posséderait, aux deux extrémités de la ligne (Chypre, l'Inde), des moyens de la défendre *contre toute attaque*. »

Dans l'abrégé des avantages présumés de la susdite ligne, M. Andrew ne cite que des résultats guerriers pour le futur chemin de fer :

« Il rendrait possible de maintenir l'Inde avec une garnison européenne plus faible que celle qui est actuellement nécessaire, et réduirait ainsi notre dépense militaire.

« Il économiserait au gouvernement de grosses sommes dans les cas soudains, par la facilité de fournir, *et cela dans toute saison de l'année*, au transport des troupes et munitions.

« Il permettrait de débarquer des troupes d'Angleterre à Kurrachee en quatorze jours environ (?), et à Lahore, Peshawur ou Delhi en deux ou trois jours de plus.

« Il exposerait *un ennemi*, s'avançant vers la frontière nord-ouest de l'Inde, à se voir pris facilement en flanc et en queue, et rendrait l'invasion de l'Inde presque impossible.

« Il ferait que les forces de l'Angleterre s'accroîtraient si promptement en Orient, que tout mouvement hostile contre nous, *venant soit du dehors soit du dedans* de nos frontières indiennes, serait arrêté avant d'avoir pris de grandes proportions.

« Il influencerait l'extension de notre établissement militaire dans l'Inde d'une manière directe, et le mettrait en rapport avec notre pouvoir et notre prestige en Europe.

« *Il donnerait à l'Angleterre la première position stratégique du monde...*

« Il serait facile à défendre pour l'Angleterre, ayant ses deux points terminus sur une mer ouverte (pour qui? pour les Anglais).

« Il serait plus commode à protéger qu'à attaquer en flanc, étant gardé

par deux formidables rivières, l'Euphrate et le Tigre, tandis que la possession de Chypre par l'Angleterre nous donne une admirable « place d'armes »
(mots écrits en français dans le texte original) pour couvrir le terminus de
Séleucie ou d'Alexandrette. »

D'où la conclusion, que l'auteur n'avait vraiment pas besoin de for-
muler :

« Ce n'est pas par des considérations commerciales que j'insisterais sur
le chemin de fer de la vallée de l'Euphrate... It is not on commercial con-
siderations that I would urge the claims of the Euphrates valley railway. »

La Chambre des communes avait été saisie de la question en 1872. Une
commission spéciale fut chargée d'examiner le sujet général d'un chemin
de fer reliant la Méditerranée, la mer Noire et le golfe Persique. Parmi les
diverses lignes discutées (voir chap. IV), la commission avoue que la ligne
du Tigre donnerait un plus grand trafic, mais qu' « au point de vue anglais
simplement » on doit préférer la voie la plus courte. L'objectif est celui-ci :
« Posséder une autre route, et plus rapide, pour le transport des troupes,
— an alternative and more rapid route, for the conveyance of troops. »
Plusieurs membres militaires déclarent que, pour eux, les *transbordements
de troupes* sont un désavantage mal compensé par le gain de quelques jours
de voyage ; mais l'union des avis est complète sur ce point, qu'il serait nécessaire d'avoir une seconde communication avec les Indes, dans le cas où
la première ne serait pas praticable, ou dans le cas d'une *invasion subite* de
l'empire oriental.

« Il est probable, dit tristement M. Andrew (1882), qu'il y a d'autres
influences et d'autres intérêts engagés dans la question. » Intérêts est le
mot. La politique et l'art militaire, en effet, ne sont pas tout : il y a les
livres sterling. On voulait bien (1872) avoir dans la main un outil dont on
prévoyait l'importance, mais on voulait aussi le faire payer au sultan. L'am-
bassadeur de la Sublime Porte, S. Exc. Musurus-Pacha, fut prié dans une
correspondance « semi-officielle » de consulter son gouvernement sur le
chemin de fer de l'Euphrate. Une série de propositions, plus britanniques
les unes que les autres, assurant à l'Angleterre des avantages léonins, fut
agréée par Musurus-Pacha. Les fonds nécessaires pour la construction du
railway devaient être obtenus au moyen d'un emprunt ottoman ; l'intérêt
serait garanti par l'Angleterre. En 1872, il n'y avait aucun danger à contre-
garantir les engagements financiers de la Turquie : — l'Angleterre proposait gracieusement de le faire (non sans prendre une « hypothèque absolue »
sur le chemin de fer, le pays et les ouvrages). Les choses ont changé depuis 1872. Dès lors, il ne fut plus guère question du chemin de fer de l'Euphrate dans les milieux officiels : une interpellation de lord Lamington à
la Chambre haute (26 juillet 1883) fut reçue plus que froidement par les
lords Granville et Salisbury, parlant au nom du gouvernement. Aujour-
d'hui, sans doute, en présence des derniers événements, plus d'un homme
d'Etat du Royaume-Uni regrette la ligne alternative et directe pour la con-

voyance des troupes ; aujourd'hui l'heure est passée, et M. Andrew pourrait dire à ses compatriotes : « Il est trop tard ! »

Maintenant, lecteur, je crois que nous pouvons affirmer que l'Angleterre ne verra pas sans dépit et sans opposition une autre nation qu'elle-même rouvrir au monde les portes de l'Orient par *sa* vallée de l'Euphrate. Il paraît d'ailleurs qu' « accomplir cette noble entreprise est la mission de l'Angleterre ». C'est une chose qu'on n'est pas fâché de savoir.

www.ingramcontent.com/pod-product-compliance
Ingram Content Group UK Ltd.
Pitfield, Milton Keynes, MK11 3LW, UK
UKHW022248120726
13694UKWH00003B/1001